KONGJIAN ZHOUCHENG

KEKAOXING

空间轴承
可靠性

宁峰平 著

化学工业出版社
·北京·

本书主要分析空间轴承可靠性。全书共分 6 章，分别介绍了空间轴承可靠性分析的目的与意义；空间轴承热学特性；空间轴承润滑膜磨损；空间轴承间隙演化规律；空间轴承预紧力演化规律；空间轴承失效模式及失效机理等内容。内容新颖，研究面广，具有很高的实用价值。

本书可供高等院校、研究院所以及企业中从事空间轴承可靠性分析等相关工作的科技人员参考。

图书在版编目（CIP）数据

空间轴承可靠性/宁峰平著. —北京：化学工业出版社，2020.5（2021.1重印）

ISBN 978-7-122-36243-8

Ⅰ.①空…　Ⅱ.①宁…　Ⅲ.①空间-轴承-可靠性估计

Ⅳ.①TH133.3

中国版本图书馆 CIP 数据核字（2020）第 030355 号

责任编辑：金林茹　张兴辉　　　　　文字编辑：陈　喆
责任校对：刘曦阳　　　　　　　　　装帧设计：王晓宇

出版发行：化学工业出版社（北京市东城区青年湖南街 13 号　邮政编码 100011）
印　　装：天津盛通数码科技有限公司
710mm×1000mm　1/16　印张 9½　字数 162 千字　2021 年 1 月北京第 1 版第 3 次印刷

购书咨询：010-64518888　　　　　　售后服务：010-64518899
网　　址：http://www.cip.com.cn
凡购买本书，如有缺损质量问题，本社销售中心负责调换。

定　　价：89.00 元

前言

　　空间轴承是航天机构的最基本组成部分，也是构成其他组件的关键零部件。　空间轴承的可靠性是航天机构正常运转、实现预定功能和预计寿命的基础保障。　空间轴承长期工作于空间环境，高低温、交变温度、高真空、失重和强辐射等环境因素对其工作性能和使用寿命有明显的负面影响，使其失效模式不仅包括地面环境中常见的失效模式，还包括空间环境因素引发的特有的失效模式。　由于空间环境比较复杂，且难以模拟，故本书主要从理论角度出发研究空间轴承可靠性影响因素作用机理及其演化规律，揭示空间轴承面临的失效模式及机理，并在此基础上提出消除或减缓环境因素激励引起失效的方法和措施，对提高空间轴承可靠性具有重要的学术和应用价值。

　　全书共6章。　第1章从理论分析与工程应用的角度出发，分析了航天机构可靠性研究现状、空间轴承可靠性研究现状及相关基础理论，总结了目前空间轴承可靠性分析有待研究的问题，确立了本书的主要内容。　第2章针对空间轴承热学特性，构建了空间环境中空间轴承的热传递网络模型，分别研究了转速、轴向载荷和交变温度对空间轴承热学特性的影响。　第3章针对空间轴承固体润滑膜 MoS_2 的磨损，建立空间轴承的磨损模型和寿命模型，分别研究转速和载荷对润滑膜磨损深度的影响规律，探究了径向位置偏差影响内外圈沟道不同角位置的磨损状况。　第4章针对空间轴承间隙的演化规律，从内外圈配合、轴承温升、预紧力和磨损等角度出发，分别分析了轴承间隙随其演化规律。　第5章针对空间轴承预紧力演化规律，从装配状况、磨损、交变温度和工作载荷的角度出发，分别分析了空间轴承预紧力随其演化规律。　第6章针对空间轴承失效模式，通过对空间轴承故障演化趋势进行研究，分析故障的形成因素及其作用机理。

　　本书虽然经过反复修改，但由于作者时间、水平有限，书中不足和遗漏之处在所难免，欢迎广大读者和专家批评指正。

著　者

目录

第1章

绪　论

1.1　研究目的与意义

随着人类对空间探索、开发和利用的加强，航天技术呈现蓬勃发展的趋势。当航天技术的发展迅猛时，航天机构的功能逐渐多样化，结构也日渐复杂化。由于空间环境的严酷性、苛刻性和不确定性，故对航天机构的可靠性要求很高。在轨维修维护的困难性要求航天机构必须顺利工作完成特定的任务。同时随着航天机构使用寿命提高，航天机构的可靠性要求越来越高。因此，为保证航天机构长期、可靠地工作，可靠性影响因素的作用机理及其演化规律研究成为关注的焦点。

机构可靠性是机构系统或部件在规定的使用条件、规定的时间内能够顺利完成规定功能的能力[1~4]。与传统机构相比，航天机构的可靠性不仅与研制过程中的设计、制造有关，而且与工作过程中工作对象、工作环境、工作条件有关，这些因素共同引起其运动学、动力学性能参数变化。空间轴承作为航天机构的重要件甚至是关键件，它的运转精度、刚度性能、使用寿命和可靠性对航天机构的工作精度、动力学性能、使用寿命和可靠性起着决定性的作用。因此，空间轴承对航天机构可靠运作起着关键的决定性作用。然而，受工作场合的限制，空间轴承可靠性受到影响时将难以维修或者更换，所以一旦失效，将可能引起机构局部或整体失效而无法正常工作完成特定的任务，甚至可能导致机构毁坏[5~7]。

空间轴承工作于空间环境，环境因素高低温、交变温度、强辐射、原子氧、微尘及空间碎片等都将影响其可靠性，进而影响机构的可靠性。为适应强辐射和高温等环境特点，空间轴承采取固体润滑，其失效形式主要为磨损失效[8]。高低温及其交变时，润滑性能降低、磨损加剧[9,10]。同时，在交变温度的作用下，组成机构的零部件具有不同的膨胀系数，导致其热效应也不相同，从而可能导致预紧力过大或不足，引起工作间隙变化导致空间轴承运转时振动或卡死[11]。在特殊的工作环境中，空间轴承的失效模式和失效机理与地面环境中的轴承有很大的差异。目前大规模在空间进行试验探究空间轴承失效模式不现实，只能先通过理论分析和试验模拟环境对空间轴承的影响及其失效机理。本书瞄准空间轴承失效机理及故障演化规律这一关键科学问题开展研究，重点分析在轨服役过程中，轴承材料性能、工作间隙、实际预紧力、润滑膜摩擦磨损等作用机理与演化规律。揭示空间轴承面临的各种失效模式及失效机理，为空间轴承高可靠性与长寿命的设计提供指导，为实现航天机构产品的高可靠性、长寿命提供科学依据。

1.2 航天机构可靠性分析

1.2.1 航天机构故障分析

航天机构的子系统主要分为姿态控制系统（AOCS）、指令与数据处理系统（CDH）、遥测系统（TTC）、机械系统（MECH）和有效载荷（payload）。根据国外公布的数据，1980~2005 年间，共有 129 个航天机构发生了 156 个故障，这些故障分别导致航天机构出现整体失控、局部失控、任务无法完成、寿命锐减、无法控制等现象。图 1-1 为各个子系统故障分布，其中其他主要指机械系统、有效载荷和未知原因的故障。对航天机构故障全面分析时，大致可以分为电子/电气系统故障、机械系统故障、软件系统故障和不确定故障。在这四类故障中，电子/电气系统故障占 45%，机械系统故障（90%是机构故障）占 32%，软件系统故障占 6%，不能准确定位的故障占 17%[12]，如图 1-2 所示。电子/电气系统故障、软件系统故障大多是瞬时故障，可以在轨修复；而 80%的机械系统故障是永久性故障，导致局部或整体机构失效[13]。

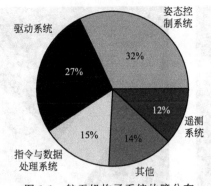
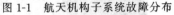

图 1-1 航天机构子系统故障分布

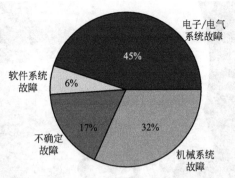

图 1-2 航天机构故障类型

在各种故障中，机械系统故障对航天机构性能影响是永久性甚至是致命的，且难以在轨维修、维护。在众多类型航天机构在轨服役时，由于天线振动引起机构失稳进而导致机构故障[14]。美国的著名卫星"Explorer I（探险者 1 号）"是自旋稳定工作，且具有四个挠性的鞭状天线，其结构如图 1-3 所示。1958 年 Explorer I 进入轨道后，天线发生挠性振动而导致系统的能量消耗殆尽，最终造成卫星无法控制失去稳定性[15]。NASA 研制的"伽利略号"飞船在轨运行时，天线解锁装置的限位销和销孔间的摩擦力太小，限位销脱落天线异常展开，其结构如图 1-4 所示。2006 年我国自主研制的"鑫诺二号"卫星，由于技术故障导致其在定点过程中出现太阳帆板二次展开、通信天线无法正常展开的失效模式，从而影响了预期的目标，使其无法完成通信任务[16]。"鑫诺二号"卫星结构如图 1-5 所示。

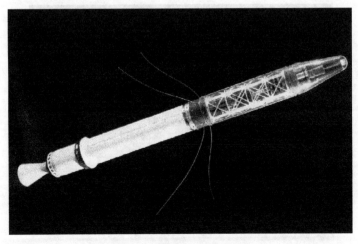

图 1-3 "探险者 1 号"卫星

图 1-4 "伽利略号"飞船   图 1-5 "鑫诺二号"卫星

由于空间环境的特殊性，环境因素引起航天机构出现多种不可预料的机械系统故障[17]。图 1-6 为 NASA 和 ESA 共同管理的哈勃空间望远镜，由于受到环境因素的影响，如强辐射诱导太阳板振动、高真空带来的阻力、向背光使太阳能电池板受热不均等，致使其前后共经过五次维护[18]。图 1-7 为我国自主研制的"玉兔号"月球车，能够耐受月球表面高真空、强辐射、极限高低温及交变等苛刻的工作环境。在进入第二个月夜休眠前，"玉兔号"月球车受复杂环境因素的影响，出现机构无法正常控制状况，月尘可能是导致故障的原因。空间站太阳能电池板的结构如图 1-8 所示，其右侧太阳能电池板旋转接头出现运转不畅的故障。据美国国家航空航天局对故障的分析，可能是旋转接头因缺少润滑剂而导致故障的发生，依此制定了"清理内部的碎屑、添加润滑剂、替

图 1-6 哈勃空间望远镜

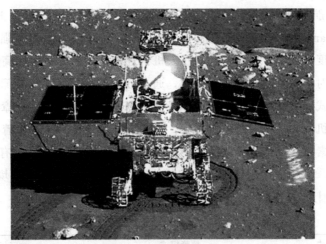

图 1-7 "玉兔号"月球车

图 1-8 空间站太阳能电池板

换原有的轴承"的修理方案。总之,由于对辐射、月尘、大温差等环境因素的认知仍然有限,航天机构在严峻的环境下极易出现控制失灵、方向迷失、机构无法运转等故障。

与传统机构相比,航天机构的可靠性不仅受到加工制造工艺因素、材料因素和工作载荷因素的影响,而且还受到环境因素的影响,这些因素综合作用影响航天机构的可靠性,导致航天机构出现多种多样的机械系统故障[19,20]。加工制造工艺因素主要指加工精度、装配间隙和预紧力等;材料因素主要有材料的微观组织结构、强度、刚度和硬度等;工作载荷因素包括振动载荷、瞬时冲击载荷、拉压载荷、扭转载荷和交变载荷等。空间环境主要特点为真空度高、辐射强度高、微重力、温差大、交变温度、原子氧、月尘及空间碎片等,这些特有因素对航天机构的工作性能有明显的负面影响[21,22]。薛玉雄[23]、刘磊[24]、Bevans[25]、张森森[26]和Liou[27]等分别研究环境因素强辐射、微重力、交变温度、月尘、空间碎片对航天机构性能的影响。为了提高航天机构的可靠性，针对潜在及已有的故障模式，通过分析寻找可能引起故障的原因，并根据故障模式研究发生故障的机理，最终达到消除或规避同类故障再次发生的目的。航天机构故障机理的分析步骤：首先分析故障的表象，接着确定诱发故障的影响因素，最后揭示影响因素对航天机构故障的作用机理。只有通过具体分析故障机理，才可从根本上解决航天机构故障。通过定性分析，将环境因素、工艺因素和载荷因素可能诱发的航天机构故障模式及故障机理列于表1-1。

表1-1　航天机构故障模式及故障机理[28,29]

影响因素		故障模式	故障机理
环境因素	高温	机构损坏;机械应力增加;润滑膜性能降低,磨损加剧	机构受热膨胀黏度降低、挥发
	低温	机构损坏;磨损加剧,润滑膜性能降低;构件塑性下降、断裂	机构受冷收缩黏度增加,固化、脆性
	交变温度	强度降低,结构破坏,密封失效	机械应力不可逆
	微重力	展开不力、分离失效、高温效应明显	机械应力变化、对流冷却效应消失
	高真空	磨损加剧	润滑膜挥发
	强辐射	构件的力学性能降低	辐射引起材料微结构变化,导致复合材料降解和老化
	相对湿度高	机械强度降低	构件腐蚀
	月尘、空间碎片	机构受到冲击,运动副磨损加剧,运转失效	表面擦伤、运动副堵塞
工艺因素	加工精度	精度低,偏载和磨损加剧	磨损失效
	装配间隙	卡滞、卡死,摩擦生热剧烈;振动、磨损加剧	摩擦力矩大,局部温度过高、冲击载荷,润滑失效
	预紧力	刚度不足,振动明显;磨损加剧、寿命降低	热应力,热变形
载荷因素	振动	强度降低,磨损加剧,构件损坏	机械应力过载疲劳失效
	瞬时冲击力	机构失稳,结构变形	冲击过载、强度和刚度不足
	拉/压应力	构件损坏、变形	应力过载、强度和刚度不足
	扭转力矩	机构失稳,变形失稳	刚度不足
	交变应力	构件损坏	疲劳失效

1.2.2 航天机构空间轴承故障研究现状

空间轴承作为航天机构旋转关节的基本元件，其故障影响航天机构的性能、使用寿命和可靠性，可能导致航天机构失效。统计结果表明：在旋转机构中，由滚动轴承引起的失效大约占机械故障的 30%；感应电机的故障中，滚动轴承导致电机故障约占总故障的 40%。止转失效和精度失效是滚动轴承失效的两种基本模式[30]。止转失效指滚动轴承丧失工作能力而无法正常转动，通常表现的故障形式为卡死、卡滞、定位超差等；精度失效指滚动轴承的几何尺寸变化时，原设计要求的旋转精度降低，无法满足工作要求。失效的轴承中大约有 40% 是由内因导致的，大约 60% 是由外因导致的[31]。引起轴承失效的内因主要为设计、制造工艺和材料质量三大因素，外因主要为安装精度、润滑性能、外在载荷等。杨国安[32] 阐述了滚动轴承常见的失效形式主要有疲劳剥落、磨损、塑性变形、腐蚀、断裂、胶合和保持架损坏等，分析了导致轴承失效的主要原因为剥落、剥皮、卡伤、擦伤、磨损和断裂等，并介绍了基于振动信号、基于温度和基于声发射等轴承故障诊断的常用方法。

由于工作环境的特殊性，空间轴承通常采用固体润滑，其故障主要由环境因素、装配精度、润滑膜性能和载荷因素等共同作用而导致[33~35]。如交变温度引起空间轴承热变形，改变了工作间隙，将可能导致振动或卡死等故障。同样，交变温度诱导空间轴承预紧力变化，当预紧力增大时，将出现摩擦力矩增加、温度上升，甚至可能导致卡滞、卡死故障；当预紧力减小时，空间轴承刚度降低，可能出现工作精度降低，甚至可能出现振动进而导致航天机构整体毁坏。空间轴承常见的失效模式通常还有由 MoS_2 润滑膜引起的失效，主要表现形式为润滑膜疲劳磨损、微动磨损、剥落磨损和滚动体滑移。当 MoS_2 润滑膜磨损减薄到一定程度的，空间轴承预紧力降低，旋转精度降低；MoS_2 润滑膜磨损耗尽时，润滑失效，摩擦力矩增大，温度升高，并导致明显振动[36~38]。

1.3 空间轴承可靠性研究现状

在航天机构可靠性备受关注之际，而空间轴承可靠性对航天机构可靠性有很大的影响作用，因此空间轴承的可靠性成为研究的重点。研究空间轴承可靠性及其影响因素作用机理的主要目的是避免或减少空间轴承故障，提高航天机构的安全性和可靠性，确保航天机构能够顺利工作。为此，本书结合空间轴承的特点，研究可靠性影响因素对空间轴承故障的作用机理。下边主要从空间轴承故障、寿命和故障诊断三方面对国内外研究现状进行分析。

1.3.1　空间轴承故障研究现状

　　轴承故障影响机构的可靠性和寿命，因此很多学者对轴承失效机理进行了大量的研究。表面波纹度对机构的稳定性和轴承摩擦力矩存在一定的影响，并引起系统运行时产生振动[39~41]；源自加工制造中的粗糙度对轴承润滑性能、摩擦产热、振动和刚度阻尼有很大的影响作用[42~44]；加工精度不同，轴承的振动和噪声也不同，加工精度是滚动轴承的振源之一[45~47]。加工制造过程中形成的波纹度、粗糙度和制造精度等因素造成轴承失效或运转时发生故障。装配质量决定滚动轴承发生故障的概率，影响轴承的使用寿命。配合公差选择不当，则轴承刚度不足，系统出现不稳定及振动现象，同时影响轴承的使用寿命[48,49]；预紧力太小，轴承刚度和动态性能较差，预紧力过大，摩擦力矩增大、寿命缩短[50~52]；轴承承载区域取决于工作间隙的大小，同时工作间隙影响轴承的动态性能[53,54]。因此，轴承安装中的配合公差、预紧力和工作间隙不恰当，轴承的寿命迅速降低、故障增多。

　　由于工作环境和空间轴承的特殊性，其失效形式主要为精度丧失。随着固体润滑膜磨损和环境因素的影响，空间轴承仍可以正常运转，但是摩擦力矩增加、振动加剧、温度升高和预紧力增加或减小。国内外很多学者针对空间轴承固体润滑膜失效开展了相应的分析，探究空间轴承的失效的原因。由于空间环境的强辐射和超低温等因素限制，传统的油脂润滑无法满足要求而只能使用固体润滑[55~58]。闻凌峰[59]研究表明空间轴承的寿命主要由固体润滑膜的寿命决定，失效机理是润滑失效，即 MoS_2 润滑膜涂层剥落。该研究利用 YTH-1000 型球盘式真空摩擦磨损试验机，研究了速度和载荷对空间轴承在真空中的磨损寿命的影响。Williams 等[60]论述了磨粒磨损机理是运行中摩擦表面的润滑膜材料由于疲劳而脱落。李新立等[61]基于固体润滑膜的失效机理，建立了空间轴承固体润滑膜的磨损失效模型，并用加速寿命试验方法进行了初步验证。Zou 等[62]建立了磨粒磨损模型，通过对比理论计算值和实验结果验证模型的正确性，同时此模型可以推导出润滑膜的磨损率与膜厚度的关系。刘庭伟等[63,64]借用计算机仿真模拟磨损后轴承内部摩擦力矩增大超出正常运转的要求。Gardos[65]介绍了应用于高真空中自润滑材料的选择，并通过分析实验数据得出参数化的磨损方程；Meeks[66]通过寿命试验，检测磨损过程中的摩擦、磨损和摩擦力矩，构建磨损的理论模型。Warhadpande 等[67]通过实验研究微动磨损对轴承寿命的影响，结果表明，随着接触压力的增加，磨损量增加、寿命降低。裴礼清等[68] 利用傅里叶变换方法分析微动磨损对轴承振动的影响，并指出内圈损伤导致振动比外圈损伤导致的要激烈。

上述研究主要分析了空间轴承固体润滑膜润滑失效和润滑膜磨损引起振动加剧、摩擦力矩增大和温度升高而导致的失效。在轨服役的空间轴承失效还要受到环境因素的综合影响，高真空、高低温和交变温度等因素使空间轴承失效形式和失效机理与地面环境有很大的差异。Hiraoka[69] 分别在真空和空气中进行了固体润滑轴承的摩擦和磨损寿命实验研究，由于 MoS_2 润滑膜的摩擦系数在真空环境下约为比在空气下的 1/4，在真空中的磨损寿命是空气的几十倍。宋宝玉等[70] 在常压和高真空条件下进行了 GCr15 滚珠与 GCr15 钢盘配副的干摩擦试验，研究表明：真空条件下摩擦副间的摩擦系数降低，由于摩擦面间的高温使试件的剪切强度和黏着力降低；真空条件下的配合面间更易发生黏着，摩擦中的磨屑增多，磨损量增多。Burt 等[71] 分析失效时指出大温差和极端温度引起润滑性能变化和诱导热载荷，"热失控"造成径向间隙消失和灾难性故障。胡鹏浩等[72] 基于热变形理论，分析了温度轴承工作间隙的影响，计算出合适的初始间隙，进而确定了保证轴承在具体工况下运转的最佳工作间隙。徐志栋等[73] 和 Banerji 等[74] 分别研究指出高温影响航天轴承的摩擦力矩大小和固体润滑膜的摩擦性能。Gamulya 等[75] 研究表明，固体润滑膜在低温下的磨损机理与常温相同，但是基体摩擦硬化导致黏着作用减小，低温下的磨损比常温下的小。Yukhno 等[76] 调研了低温对固体润滑膜的摩擦特性和耐磨性的影响，发现低温时摩擦系数降低，但是对磨损寿命影响不是很明显。

在空间环境中，空间轴承除了固体润滑膜磨损失效外，还有预紧力选取不当而导致的失效。Hwang 等[77] 阐述了预紧力影响主轴系统性能，总结了滚动轴承预紧力技术的研究状况，目前主要研究方向是根据轴承性能最优确定合适的预紧力和施加可靠预紧力的装置。Carmichael 等[78] 通过测试轴承的热预紧力，得到随着轴承的摩擦热增大，预紧力增加。主轴高速运转时，摩擦力矩产热大，热预紧力对机构性能影响比较明显，Tu 等[79] 在此基础上提出了热预紧力调节方案。空间光学望远镜在轨运行时，其刚度受到空间各种因素影响而导致光学系统视轴和目标之间产生相对移动和旋转，为了提高系统的刚度，王智等[80] 提出一种施加合适的轴承预紧力的机构。

1.3.2 空间轴承的寿命预测研究现状

研究空间轴承故障的目的在于探究空间轴承发生故障的机理，为降低故障概率、提高可靠性及延长轴承寿命提供理论支持。预测空间轴承寿命是预防故障、保障航天机构可靠性的基础。Meeks 等[81] 指出固体润滑空间轴承的寿命不同于油脂润滑轴承的寿命，预测空间轴承寿命主要从疲劳、沟道磨损、润滑膜剥落和润滑膜滑移进行考虑。在此基础上很多学者进行了轴承寿命预测研究，传统的典型轴承寿命预测模型以统计学寿命模型和理论力学寿命模型为主。Lundberg 和 Palmgren[82] 进行了滚动轴承疲劳失效的各种试验，提出了动态剪切应力模型，该模型中假设疲劳裂纹起始于滚道接触表面下的薄弱点，并逐渐扩展到表面而导致疲劳失效。在此理论分析的基础上，Lundberg 和 Palmgren 应用 Weibuill 统计分布理论建立了 L-P 统计学寿命模型，国际标准 ISO 在 1977 年修正了 L-P 公式[83]。Dowling[84] 从断裂力学角度分析，将疲劳寿命划分为裂纹的萌生和扩展阶段，寿命结束为断裂出现。Paris 等[85,86] 依据理论力学的寿命模型，提出了一种裂纹扩展速度的公式。

　　轴承的寿命与具体工作状况和实际运行环境有密切关系，传统的寿命预测模型不能准确地预测轴承寿命。因此，近年来很多学者根据轴承运行的实时信息，建立相应的人工智能寿命模型。Gebraeel 等[87] 提取振动信号，利用神经网络模型预测轴承的失效时间。Sun 等[88] 建立了基于支持向量机的轴承寿命预测模型。Huang 等[89] 和奚立峰等[90] 基于自组织映射（SOM）和反向传播（BP）神经网络方法构建了一种预测轴承寿命的方法体系。张营[91] 利用磨损区静电监测技术，分析静电信号中噪声干扰类型，提出一种多方法联合的消噪方法来监测轴承故障和预测轴承寿命。Zhang 等[92] 基于相关性分析和比例风险效应提出了一种加速寿命实验的物理模型，用于揭示固体润滑失效的机理，通过实验验证模型的正确性。徐东等[93] 研究滚动轴承加速寿命试验的具体过程，提出一套完整的适宜于滚动轴承的加速寿命试验方案。

1.4　影响空间轴承可靠性的基础理论

1.4.1　空间轴承温度场

　　空间轴承温度场分析是研究空间轴承间隙与预紧力演化及故障机理分析的基础。工作于空间环境中，轴承运转时产热无法与周围环境形成对流散热，易使局部温升过高，且其内外圈的温度往往不同。空间轴承内部温度场不同，轴承热变形引起内外圈间隙和轴向预紧载荷发生变化。轴承温度升高时，轴承的工作间隙减小，甚至出现"卡死"现象[94]，表面的接触压力增大致使润滑膜损伤；同时，改变润滑膜的润滑性能，使轴承的磨损加剧[95]。而且，热变形影响轴承的预紧，预紧力的改变引起轴承的刚度和工作精度变化，变化太大导致工作精度丧失。因此，空间轴承的温度场是分析轴承间隙和预紧力演化的前提，需要深入研究和探讨工作状况和环境因素对空间轴承温度场的影响。

目前分析轴承温度场常见的方法有热流网络法[96]、解析法[97]、边界元法[98] 和有限元法[99] 等。Harris 等[96] 提出热流网络法，并在此基础上研究了轴承温度分布情况，总结出润滑油对流换热的经验公式。王燕霜等[100] 建立轴承热传递网络模型，采用 Newton-Raphson 法数值分析了轴承各个节点的温度，探究了不同轴向载荷、径向载荷和转速对轴承温度场影响作用的大小。Ai 等[101] 基于热传递网络模型研究油脂润滑双列圆锥滚子轴承的温度场，研究结果表明了转速、油脂比例和滚子大端半径对温度升高的作用机理。

热流网络法主要用于分析系统的整体或局部关键节点的温度，且可以分析轴承温度场对运动性能的影响。本书主要是利用轴承关键位置温度变化影响轴承间隙和预紧力的演化，因此选用热传递网络模型，结合空间轴承的特殊性，在轴承摩擦热的基础上研究多因素耦合对温度场的影响。

1.4.2 固体润滑膜磨损

为适应高真空、大温差和强辐射等苛刻的环境，空间轴承采用固体润滑膜进行自润滑。润滑膜的磨损影响轴承预紧力和润滑性能，磨损严重时摩擦力矩剧增，润滑失效或精度失效。固体润滑膜磨损，容易产生磨粒磨损、润滑膜磨破、润滑失效，摩擦力矩明显增加、摩擦噪声显著[102]。润滑膜磨落、转移，沟道尺寸变化形成误差会造成轴承旋转误差，最终影响轴承的旋转精度和工作精度而导致精度失效[103]。

按照磨损机理，磨损可分为黏着磨损、磨粒磨损、疲劳磨损、腐蚀磨损和微动磨损[104]。固体润滑膜 MoS_2 的磨损形式主要为黏着磨损和磨粒磨损。典型的磨损模型主要以 Archard 模型[105]、Bayer 模型[106] 和 Крагельский 模型[107] 为代表。Park 等[108] 结合 Archard 磨损模型和加载接触面提出了近似快速的磨损计算方法，为了提高计算速度采用修补技术、表面插值技术和基于滑动速度的滑移距离的方法。Liu 等[109] 基于 Archard 磨损模型建立轴承磨损寿命模型，以接触区域的法向载荷和滑动速度计算磨损体积和磨损深度，磨损时间由许用径向间隙的磨损体积决定。宿月文等[110] 以含间隙的铰接副为研究对象，建立了机械系统磨损与其动力学相互耦合的分析模型，用于预测在寿命周期内的磨损和动力学性能。

本书将结合空间轴承固体润滑 MoS_2 的特点，基于 Archard 磨损模型建立空间轴承润滑失效的磨损寿命模型和残余预紧力不足的寿命模型，研究空间轴承预紧力和间隙在不同工况下随时间的演化规律。

1.4.3　空间轴承间隙演化规律

轴承间隙影响内部载荷分布、疲劳寿命、稳定性和运转精度等性能。轴承间隙不同，内部载荷分布情况也不相同，进而影响轴承的承载能力[111]。轴承寿命由径向间隙决定，径向间隙越大，其疲劳寿命越短[112]。Tiwari 等[113]研究径向间隙对均衡水平转子动力学性能的影响，研究结果表明，间隙的变化改变着响应峰值，稳定性和刚度也被间隙强烈地影响。许立新等[114] 以多体动力学和 Hertz 接触理论为基础，提出一种考虑轴承间隙的多体系统建模方法，揭示轴承间隙对机构的运动位置和速度误差的影响规律。同时，轴承间隙减小，轴承的摩擦力矩增大，严重时甚至可能出现"卡滞"等故障现象。

邵志宇等[115] 针对转动连接适应大温差环境的使用要求，分析了在大温差下轴承径向间隙与轴向位移、滚珠和沟道之间最大接触应力等的关系，提出了轴承安全区域图及轴承间隙变化图，并借助 CAD 软件确定了轴承的安全区域。崔朝探[116] 利用 ANSYS 软件分析了不同载荷、不同转速和交变温度耦合作用下轴承间隙随其变化的演化规律。刘晓初[117] 通过分析轴承内圈与转轴、外圈与轴承座间的实际配合过盈量对轴承径向间隙的影响，推导了实际配合过盈量改变径向工作游隙的计算公式。白争锋[118] 基于 Archard 磨损理论建立了间隙旋转副磨损的动态模型，研究结果表明，随着旋转副的运转摩擦磨损改变了旋转副间隙的尺寸，间隙的大小又影响着摩擦磨损的速率，即摩擦磨损与间隙二者之间相互影响、相互作用。王金伟等[119] 针对滚动轴承不同的使用条件，探究适当的预紧力可以保证轴承间隙的稳定性，且可以提高旋转轴的精度和轴承的使用寿命。

空间轴承间隙受多种影响因素综合作用而发生变化，其中影响因素主要包括交变温度、摩擦磨损、装配应力、预紧力、润滑条件和加载大小等，如图 1-9 所示。交变温度影响装配应力、预紧力和摩擦磨损，间接影响空间轴承间隙，交变温度也可以使空间轴承热变形而直接影响轴承间隙；加载方式及其大小改变了空间轴承的初始预紧力，进而改变了间隙；润滑条件的差异影响着空间轴承沟道的磨损速率，磨损速率直接决定着间隙随时间的演化规律。本书将综合考虑这几个影响因素的耦合作用，基于热力学、弹性力学和 Archard 磨损理论对间隙演化规律进行分析，并指出间隙导致空间轴承故障的原因。

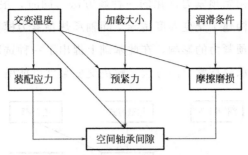

图 1-9 多因素综合作用影响空间轴承间隙

1.4.4 空间轴承预紧力演化规律

空间轴承预紧力决定着旋转轴的精度和刚度及其使用寿命，也是旋转轴可靠运转的保障[120]。在空间环境服役时，空间轴承的预紧力受到多种因素的影响而发生相应的变化，预紧力变化过大将导致空间轴承预紧力不足出现"卸载"或振动现象，预紧力过大将导致摩擦力矩加剧、运转不畅。Kraus 等[121]提出一种提取运转条件下轴承的刚度和阻尼的方法，用于研究转速和刚度对轴承刚度和阻尼的作用效果，通过模态分析验证此方法可以精确确定轴承刚度和阻尼。王硕桂等[122]基于拟静力学和滚道控制理论，给出了装配时过盈配合量和预紧力对滚动轴承刚度的影响，并指出应根据轴承转速和刚度确定合适的预紧力。

司圣洁[123]根据空间环境和轴承的工作状况确定空间轴承的预紧方式，利用有限元热结构耦合分析方法研究空间轴承刚度的变化，确定了适应环境和极限工况下的最优预紧力。Hu 等[124]对高速轴承的热学性能和力学性能高度耦合关系进行了研究，提出了一种基于热力信息交互网研究轴承热预紧力的方法。刘良勇[125]利用滚动轴承的拟静力学和 Archard 磨损理论分析了轴承沟道的磨损量，通过几何分析将磨损量转化为轴承沟道几何参数的变化量，并依据沟道几何参数和预紧力的关系确定了磨损后的轴承预紧力。由于磨损预紧力逐渐降低，滚珠通过频率提高，在此基础上 Tsai 等[126]提出了通过监测球通频率变化来确定预紧力损失的方法。

本书中主要考虑环境因素交变温度和运转中摩擦磨损，分析预紧力随其变化的演化规律，其中润滑条件、加载方式、变载荷和交变温度通过影响轴承的摩擦磨损而间接影响轴承预紧力，交变温度引起轴承系统热变形进而引起预紧力变化，如图 1-10 所示。基于滚动轴承的运动学、拟静力学和 Archard 磨损理论，研究了预紧力的演化规律，构建了空间轴承寿命预测模型，以使用寿命最长为目标提出了初始预紧力优化的一种新方法。同时，根据材料热学特性，基于变形协调关系构建了交变温度诱导空间轴承热预紧力模型，研究了隔套材料热膨胀系数对热预紧力的影响，在此基础上提出了一种选取合适隔套材料来减缓或消除空间轴承热预紧力的方法，解决交变温度可能引发的失效。

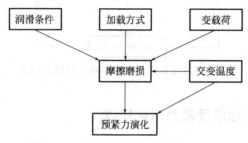

图 1-10　多因素综合作用影响预紧力

1.4.5　空间轴承故障分析

空间轴承故障机理研究主要从动力学角度出发，分析固体润滑膜磨损导致润滑失效[127]、预紧力演化导致摩擦力矩激增的止转失效或预紧丧失的精度失效[128,129]、轴承的间隙改变而丧失了运转精度[130]。McFadden 等[131] 结合轴承的几何形状、旋转轴转速和载荷分布，依据滚动轴承的动力学特征，研究了套圈的点蚀故障引起轴承运转振动。Williams 等[132] 和 Utpat 等[133] 分别研究了沟道表面划伤和局部点缺陷时，在运转过程中轴承滚珠经过缺陷点发生撞击由此产生周期性的振动。

空间轴承故障模式及故障机理研究主要考虑影响因素如环境因素、工艺因素、载荷工况和材料性能，应用材料学、机构学、机械设计和可靠性工程理论方法，揭示空间轴承可靠性影响因素作用机理及其演化规律，具体分析过程如图 1-11 所示。本书主要针对间隙和预紧力演化导致的故障，应用材料热变形和位移变形协调关系，构建随交变温度变化的空间轴承间隙和预紧力数学模型。分析交变温度、装配公差和预紧力共同作用引起空间轴承失效机理。为确

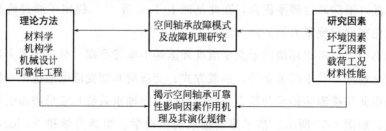

图 1-11　空间轴承故障分析过程

保可靠运行，研究空间轴承在室温条件下初始装配公差和预紧力的取值区域，即运行可靠性区域。

1.5 本书主要内容与组织结构

1.5.1 主要内容

针对空间轴承的潜在故障模式，分析诱发各种故障模式的外部环境因素、工艺因素、材料因素和载荷因素，揭示空间轴承的故障机理，揭示摩擦磨损、润滑失效以及间隙、预紧力等影响航天机构可靠性各种因素的耦合作用机理和规律。本书主要从以下几方面进行研究工作：

第1章，针对航天机构可靠性问题，阐述了本书的研究背景和意义，综述了航天机构可靠性影响因素引起的航天机构故障模式和故障机理，论述了空间轴承可靠性研究现状及其寿命预测模型，并介绍了本书研究内容与组织结构。

第2章，针对特殊空间环境影响空间轴承热学特性进而影响空间轴承可靠性问题，应用传热学理论建立了空间轴承热传递网络模型和热传递方程组，通过理论分析、仿真和实验研究综合考虑空间环境因素、工作载荷和主轴转速等影响因素分析了单一因素和多因素耦合对空间轴承温度场分布的影响。

第3章，针对空间轴承固体润滑膜磨损特点，基于滚动轴承的运动学、拟静力学和 Archard 磨损模型，建立空间轴承固体润滑膜的失效模型和寿命预测模型，分别分析轴向载荷和联合载荷对固体润滑膜的磨损影响。在此基础上，研究套圈在装配位置偏差下各个角位置的磨损情况。

第4章，针对间隙影响空间轴承的动力学性能、失效和寿命的问题，基于空间轴承轻载、低速和交变温度的工作状况，建立了考虑交变温度、配合、径向位置偏差、预紧载荷和磨损的空间轴承间隙计算模型。分析了空间轴承间隙随交变温度和配合过盈量及工作载荷的演化规律，同时在考虑磨损的状况下研究空间轴承间隙随时间的演化规律。

第5章，针对预紧力影响空间轴承的刚度、精度和使用寿命问题，研究在不同工况下，空间轴承在运动过程中交变温度、过盈量和固体润滑膜磨损以及工作载荷对预紧力演化规律的影响。依据热力学理论，构建了空间轴承热预紧力的预测模型，提出了一种选取合适隔套材料来减缓或消除空间轴承热预紧力的方法。基于空间轴承润滑膜磨损失效，以使用寿命最长为优化目标，提出一种优化空间轴承初始预紧力的方法。

第6章，针对空间轴承故障导致航天机构的可靠性降低的问题，定性分析了空间环境因素和工作载荷综合作用下空间轴承可能面临的失效模式，研究了导致这些失效模式的失效机理。在明确空间轴承失效的基础上，提出了适应交变温度和大温差特殊空间环境的空间轴承可靠运行的分析与设计方法。

1.5.2　组织结构

依据上文的综合论述，结合具体的研究内容和各章节的研究理论方法，本书的组织结构如图1-12所示。

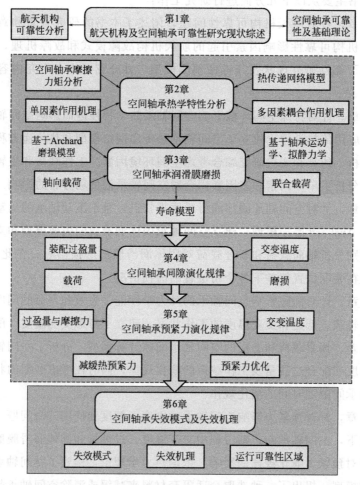

图 1-12　本书组织结构

第2章

空间轴承热学特性分析

2.1 引言

空间轴承作为航天机构组成部分的最基本元件，其热学特性直接影响着航天机构的工作性能[134]。温度的变化将引起空间轴承组件的热变形，进而导致空间轴承配合公差、工作间隙和预紧力变化，可能诱发航天机构运动副出现迟滞、卡死、定位超差等故障。因此，空间轴承热学特性是可靠性分析的基础，也是研究的重点。

空间轴承工作于高真空、强辐射、高低温及交变温度等复杂的空间环境，其热学特性除受这些环境因素的影响外，还受到工作载荷和旋转轴速度的综合作用。本书将以滚动轴承的拟静力学、传热学以及摩擦生热分析作为理论基础，确定空间轴承的具体传热方式和各部件的热阻，研究单一影响因素和多因素耦合对空间轴承热学特性影响。

2.2 摩擦力矩分析

轴承摩擦力矩是指多种影响摩擦的因素共同作用阻碍轴承运转的阻力矩，其大小受多种因素的影响，不仅有轴承结构参数、加工精度、轴承材料性能的影响，还有工作载荷、转速、润滑方式和加工工艺等因素的影响。依据轴承产生摩擦力矩的机理[135,136]，结合空间轴承内部摩擦的特点，空间轴承摩擦力矩主要由以下三方面组成：①滚珠相对沟道运动时，因表面接触材料弹性滞后的特点而引起的滚动摩擦力矩 M_R；②滚珠相对于沟道滑动时，滑动中的差动滑动引起滚珠与沟道摩擦而产生的摩擦力矩 M_D；③滚珠在沟道内自旋滑动时，由其滑动而引起的摩擦力矩 M_S。

2.2.1 滞后摩擦力矩

在载荷作用下，滚珠沿沟道表面滚动，滚珠与沟道间材料的弹性变形恢复滞后造成一定的能量损失，表现为轴承的一个摩擦力矩[137]，其中滞后摩擦力矩为

$$M_R = Z\int_{-a}^{a}\int_{0}^{b\sqrt{1-\frac{x^2}{a^2}}} 2a_n p_o \sqrt{\left(1-\frac{x^2}{a^2}-\frac{y^2}{b^2}\right)}\,\mathrm{d}x\,\mathrm{d}y$$

$$= \frac{3}{8}Za_n bQ \tag{2-1}$$

式中 Z——滚珠数目；

  a，b——接触椭圆的长、短半轴；

  a_n——弹性滞后引起的能量损失百分比；

  p_o——接触椭圆内的压力；

  Q——接触载荷。

依据上边的分析，轴承内外圈的弹性滞后摩擦力矩分别为

$$M_{Ri} = \frac{3}{8}Za_n b_i Q_{ni} \tag{2-2}$$

$$M_{Ro} = \frac{3}{8}Za_n b_o Q_{no} \tag{2-3}$$

2.2.2 差动摩擦力矩

滚珠在沟道内运动时，滚珠与沟道瞬时接触区域为椭球面，椭球面上各点的瞬时线速度不同，且在滚珠与沟道的接触区域内有一条或两条纯滚动线，接触区域的中间部分和两侧产生滑动速度方向相反的差动运动。滚珠在接触区域差动滑动时，受到差动滑动阻力的作用，其中差动滑动阻力为[138]

$$F = \frac{0.08\mu_r Qa^2}{(2fD_b)^2}(2f+1)^2 \tag{2-4}$$

式中 μ_r——滑动摩擦系数；

　　　f——沟道曲率半径系数；

　　D_b——滚珠直径；

　　F——差动滑动阻力。

　　轴承内部差动滑动阻力产生的摩擦力矩为差动摩擦力矩，其大小为

$$M_D = \frac{1}{2}ZFd'$$

$$= \frac{0.08\mu_r Qa^2}{(2fD_b)^2}(2f+1)^2 d' \tag{2-5}$$

式中　d'——接触点的直径。

　　轴承内、外圈的差动摩擦力矩分别为

$$M_{Di} = \frac{0.01\mu_r ZQ_{ni}a_i^2}{(f_i D_b)^2}(2f_i+1)^2(d_m+D_b\cos\alpha_i) \tag{2-6}$$

$$M_{Do} = \frac{0.01\mu_r ZQ_{no}a_o^2}{(f_o D_b)^2}(2f_o+1)^2(d_m+3D_b\cos\alpha_o) \tag{2-7}$$

式中　d_m——节圆直径；

　　α_i、α_o——内、外圈的接触角。

　　由式(2-6) 和式(2-7) 可知，差动摩擦力矩与滑动摩擦系数、滚珠数目、接触载荷、接触椭圆的长半轴、沟道曲率半径系数、滚珠直径、节圆直径和接触角有关。

2.2.3　自旋摩擦力矩

　　滚珠在沟道内不仅存在滚动运动，还存在自旋运动，在自旋过程中由其产生的摩擦力矩即为自旋摩擦力矩[139]。依据 Harris 等[140] 对自旋运动的分析，对于载荷相对较轻的球轴承，滚珠运转接近于"外圈沟道控制"状态，即滚珠在内圈沟道内同时存在滚动和自旋，而在外圈沟道内只存在滚动。由此可知，自旋摩擦力矩只存在于内圈，其表达式为

$$M_{Si} = \frac{3}{8}Z\mu_r Q_{ni}a_i E_i \tag{2-8}$$

式中　E_i——第二类完全椭圆积分。

2.2.4　内、外圈的总摩擦力矩

　　空间轴承采用 MoS_2 润滑膜进行自润滑，其黏性摩擦力矩可忽略不计。结合上边分析，外圈摩擦力矩由弹性滞后摩擦力矩 M_{Eo} 和差动摩擦力矩 M_{Do} 两

部分组成；内圈摩擦力矩由弹性滞后摩擦力矩 M_{Ei}、差动摩擦力矩 M_{Di} 和自旋摩擦力矩 M_{Si} 三部分组成。依此分析，外圈的摩擦力矩可表示为

$$M_o = M_{Eo} + M_{Do} \tag{2-9}$$

内圈的摩擦力矩可表示为

$$M_i = M_{Ei} + M_{Di} + M_{Si} \tag{2-10}$$

2.3 导热热阻

空间轴承内部温度分布不同，对间隙和预紧力的作用效果也不同。空间轴承的温度场受到摩擦热和各部件的导热热阻的影响，而且导热热阻的影响作用很大。因此，导热热阻是空间轴承温度场分析的基础。本章将以传热学为理论基础，确定空间轴承组件的导热热阻。

2.3.1 薄壁圆筒的导热热阻

若一个薄壁圆筒的内外半径分别为 r_1 和 r_2，高度为 l，对应的内外表面的温度分别为 T_1 和 T_2。对于薄壁圆筒，高度远大于厚度，可以看作薄壁圆环，这样轴向和周向的传热可以忽略，且径向传热为一维传热。假定薄壁圆环的传热系数 k 为常数时，其一维稳态传热方程为

$$\frac{d}{dr}\left(r\,\frac{dT}{dr} \right) = 0 \tag{2-11}$$

依据薄壁圆筒的内外半径及其表面温度可知边界条件为

$$\begin{cases} r = r_1, T = T_1 \\ r = r_2, T = T_2 \end{cases} \tag{2-12}$$

通过对式（2-11）进行两次积分，得其通解为

$$T = C_1 \ln r + C_2 \tag{2-13}$$

将边界条件式（2-12）代入式（2-11）可得积分常数为

$$C_1 = \frac{T_2 - T_1}{\ln(r_2/r_1)}$$

$$C_2 = T_1 + \frac{T_2 - T_1}{\ln(r_2/r_1)} \ln r_1$$

依据 Fourier 定律[141]，通过整个圆筒壁面的热流量为

$$q = \frac{2\pi kl(T_1 - T_2)}{\ln(r_2/r_1)} \tag{2-14}$$

根据热阻定义，薄壁圆筒的导热热阻为

$$R = \frac{\ln(r_2/r_1)}{2\pi kl} \tag{2-15}$$

2.3.2 球壳的导热热阻

假设内、外半径分别为 r_1 和 r_2，内、外表面的温度分别为 T_1 和 T_2，且沿半径方向的传热为一维传热，则沿半径方向的温度分布为

$$T = T_2 + (T_1 - T_2)\frac{1/r - 1/r_2}{1/r_1 - 1/r_2} \tag{2-16}$$

依据 Fourier 定律可得通过球壳的热流量为

$$q = \frac{4\pi k(T_1 - T_2)}{1/r_1 - 1/r_2} \tag{2-17}$$

球壳的导热热阻为

$$R = \frac{1}{\pi k}\left(\frac{1}{r_2} - \frac{1}{r_1}\right) \tag{2-18}$$

当内半径 r_1 为零时，球壳就变成了实体球，其热阻为

$$R = \frac{1}{\pi k r_2} \tag{2-19}$$

2.3.3 圆柱体的导热热阻

若圆柱体的半径为 r_2，轴线位置的温度为 T_1，外表面温度为 T_2。假设在圆柱体内，温度沿径向方向为线性分布，则其温度场为

$$T = \frac{T_2 - T_1}{r_2}r + T_1 \tag{2-20}$$

由 Fourier 定律可知，圆柱体表面流过的热流量为

$$q = \frac{2\pi krl(T_1 - T_2)}{r_2} \tag{2-21}$$

式中 l——圆柱体的长度。

圆柱体的导热热阻为

$$R = \frac{1}{\pi kl} \tag{2-22}$$

2.3.4 平壁的导热热阻

当平壁表面的温度均匀不变，内外表面的温度分别为 T_1 和 T_2，对于平

壁，厚度远小于它的长度和宽度，可以假定温度沿厚度方向分布为线性的，即为一维导热，则一维导热微分方程为

$$\frac{\mathrm{d}^2 T}{\mathrm{d}x^2}=0 \qquad (2\text{-}23)$$

对微分方程式(2-23) 积分可得其通解为

$$T=C_1 x+C_2 \qquad (2\text{-}24)$$

根据平壁厚度两边的温度可知，边界条件为

$$\begin{cases} x=0, T=T_1 \\ x=d, T=T_2 \end{cases} \qquad (2\text{-}25)$$

将边界条件式(2-25) 代入式(2-23) 可得积分常数为

$$C_1=T_1$$

$$C_2=\frac{T_2-T_1}{d}$$

式中　d——平壁厚度。

将积分常数代入式(2-24) 中，可得平壁温度场为

$$T=\frac{T_2-T_1}{d}x+T_1 \qquad (2\text{-}26)$$

由 Fourier 定律可得通过平壁表面的热流量为

$$q=\frac{kA(T_2-T_1)}{d} \qquad (2\text{-}27)$$

平壁的导热阻抗为

$$R=\frac{d}{kA} \qquad (2\text{-}28)$$

式中　A——平壁的面积。

2.4　轴承热传导分析

2.4.1　精密轴系简介

精密轴系组件结构主要由主轴、角接触球轴承 71807C、轴承座、隔套和锁紧螺母等组成，其结构示意图如图 2-1 所示。为增大支撑点间的跨度和主轴的刚度，空间轴承对采用"背靠背"的安装方式。首先，轴承通常采用过盈配合安装在主轴上或轴承座内，防止由内圈和主轴间或外圈与轴承座间相对运动

而导致微动磨损[142]。接着,通过锁紧螺母调整轴承的间隙和施加轴向预紧力,保证精密轴系的刚度和运动精度,且预紧方式为定位预紧。

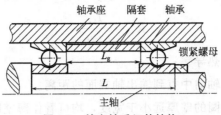

图 2-1 精密轴系组件结构

在精密轴系组件中,主轴、锁紧螺母和机座材料为 TC4R,轴承材料为 9Cr18,隔套材料为 2Cr13,其物理性能参数如表 2-1 所示。

表 2-1 轴系材料物理性能参数

材料	弹性模量 /GPa	泊松比 ν	热膨胀系数 /10^{-6}℃$^{-1}$	热导率 /[W/(m·K)]
9Cr18	200	0.30	10.5	29.3
TC4R	110	0.33	9	6.8
2Cr13	220	0.29	10.5	22.2

轴承 71807C 的几何参数如表 2-2 所示。

表 2-2 角接触球轴承几何参数 (NSK71807C)

参数	取值
内圈内径 D_i/mm	35
外圈外径 D_o/mm	47
内圈沟底直径 d_i/mm	37.694
外圈沟底直径 d_o/mm	43.976
内圈沟道半径 r_i/mm	1.690
外圈沟道半径 r_o/mm	1.612
套圈宽度 B/mm	7
滚珠直径 D_b/mm	3.135
初始接触角 α_0/(°)	15
滚珠数目/个	25

2.4.2 轴系组件的热阻抗

应用上述求解薄壁圆环、实体球、圆柱体等的导热阻抗的表达式,可以分析精密轴系组件的热阻抗。

精密轴系组件中的主轴可看作半径为 r_s、宽度为 B 的圆柱体,其热传导方向为径向和轴向,即其热阻抗可分为径向热阻和轴向热阻。其中主轴的径向

热阻和轴向热阻分别为

$$R_{sr} = \frac{1}{k_s \pi B} \tag{2-29}$$

$$R_{sa} = \frac{L_s}{k_s \pi r_s^2} \tag{2-30}$$

式中 k_s——主轴的热导率；

L_s——内圈的轴向中点到输出轴端面的距离。

空间轴承内、外圈的壁厚远小于宽度，均可看作薄壁圆环，其内圈为内径 D_i、外径 d_i 和宽度 B 的薄壁圆环，外圈为内径 d_o、外径 D_o 和宽度 B 的薄壁圆环。二者的热阻分别为

$$R_{bi} = \frac{\ln(d_i/D_i)}{2\pi k_b B} \tag{2-31}$$

$$R_{bo} = \frac{\ln(D_o/d_o)}{2\pi k_b B} \tag{2-32}$$

式中 k_b——轴承的热导率。

空间轴承的滚珠可以看作直径为 D_b 的实体球，其热阻抗为

$$R_w = \frac{2}{Z k_b \pi D_b} \tag{2-33}$$

在计算沿径向方向传热时，轴承座可以看作内半径 d_h、外半径 D_h 和宽度 B_h 的薄壁圆环，其热阻抗为

$$R_h = \frac{\ln(D_h/d_h)}{2\pi k_h B_h} \tag{2-34}$$

式中 k_h——轴承座的热导率。

2.4.3 热传导分析

分析热学特性时，首先需要确定在空间环境及具体工况下空间轴承的热源，接着依据传热模式、热量分配和热传递网络模型研究空间轴承温度场分布。工作于空间环境，热源主要为太阳辐射热和摩擦热。摩擦热主要由滚珠与内外圈间的摩擦力矩产生。

依据能量守恒与转化定律，摩擦热为摩擦力矩与转速的乘积。滚珠与内圈间存在自旋摩擦力矩，一部分摩擦热由滞后摩擦力矩和差动摩擦力矩产生，另一部分摩擦热由自旋摩擦力矩产生。即滚珠与内圈间摩擦热，由滚珠的滚动摩擦和滑动摩擦共同作用产生，其摩擦热为

$$H_i = \omega_b(M_{Ei} + M_{Di}) + M_{Si}\omega_{Si} \tag{2-35}$$

式中　ω_{Si}——滚珠的自旋速度[143]；

　　　ω_b——滚珠的转速。

其中滚珠的转速为

$$\omega_b = \frac{2\pi n d_m}{60 D_b} \tag{2-36}$$

滚珠与外圈间摩擦热，仅由纯滚动摩擦作用产生，其摩擦热为

$$H_o = \omega_b (M_{Eo} + M_{Do}) \tag{2-37}$$

空间轴承工作于空间环境时，其内、外圈的温度往往不同。空间轴承组件关键位置的温差直接影响轴承接触角、径向间隙、预紧力和配合处的装配压力等，这些量是衡量轴承可靠运行的标准。因此，分析空间轴承温度场是研究其可靠运行的基础。在此情况下，建立精密轴系组件关键部位温度节点，其温度节点分布情况如图 2-2 所示。T_{sx} 为输出轴端面和轴承座表面的温度，受热辐射强度影响；T_o 为轴承外圈外表面温度，T_{si} 为内圈内表面温度；T_{bi}、T_{bo}分别为内、外圈沟道处温度；T_{sa} 为输出轴中心温度。

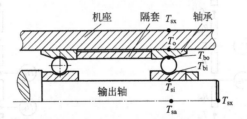

图 2-2　精密轴系关键部位温度节点分布

由于空间环境主要有高真空、强辐射和冷黑等特点[144]，因此空间轴承只有热传导和热辐射两种传热模式。在空间轴承内部，摩擦热量经内、外圈分别向主轴和轴承座传导；轴承座及主轴的轴端外表面与空间环境的传热方式为热辐射，最终达到热平衡状态。热量传导是三维的，但精密轴系组件是轴对称的，在求得各组件的热阻后，可把热传递简化为一维模型。结合图 2-2 中的温度节点和各组件的热阻，建立精密轴系组件的热传递网络模型，如图 2-3 所示。其中，H_{sr} 和 H_{tr} 分别为太阳辐射热和外表面辐射热；输出轴的轴向热阻和径向热阻分别为 R_{sa} 和 R_{sr}，内、外圈及滚珠热阻分别为 R_{bi}、R_{bo} 和 R_b，轴承座径向热阻为 R_h。

在轨道的不同位置、不同时刻，辐射热能不相同，导致轴承座和轴端表面的温度 T_s 变化，且交替变化。将图 2-3 中辐射热能 H_{sr} 和 H_{tr} 折算成交变温度 T_{sx}，其温度变化范围为 $-60 \sim 80℃$。据此图 2-3 可以变为图 2-4，即改进的

热传递网络模型。依据图 2-4，建立精密轴系组件的热传导方程组，如式（2-38）所示。

$$\begin{cases} -\dfrac{T_o - T_{sx}}{R_h} - \dfrac{T_o - T_{bo}}{R_{bo}} = 0 \\[2mm] H_{bo} - \dfrac{T_{bo} - T_o}{R_{bo}} - \dfrac{T_{bo} - T_{bi}}{R_b} = 0 \\[2mm] H_{bi} - \dfrac{T_{bi} - T_{bo}}{R_b} - \dfrac{T_{bi} - T_{si}}{R_{bi}} = 0 \\[2mm] -\dfrac{T_{si} - T_{bi}}{R_{bi}} - \dfrac{T_{si} - T_{sa}}{R_{sr}} = 0 \\[2mm] -\dfrac{T_{sa} - T_{si}}{R_{sr}} - \dfrac{T_{sa} - T_{sx}}{R_{sa}} = 0 \end{cases} \tag{2-38}$$

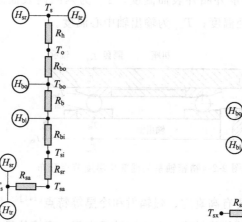

图 2-3　热传递网络模型　　　　图 2-4　热传递网络改进模型

2.5　基于有限元分析空间轴承温度场

2.5.1　建立空间轴承模型

处于轻载、低速状况下，空间轴承内部摩擦热较小，且摩擦热主要影响轴承内部温度分布。因此，借助有限元分析单一影响因素对温度场的作用机理时，可以只建立空间轴承模型。依据空间轴承 71807C 的几何参数，建立空间轴承的三维模型；根据 9Cr18 的性能参数对轴承材料进行相应的设置；为确保滚珠与内、外圈间的热传导，建立接触对，接触类型设为摩擦接触，且接触部位分别进行网格细化，如图 2-5 所示。

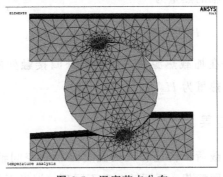

图 2-5　温度节点分布

由于空间轴承只承受轴向预紧载荷，每个滚珠受力及其运动情况相同，摩擦热也相同，因此空间轴承温度场在周向上相同，具有周向对称性。为了清晰、直观地观察空间轴承内部温度场的分布情况，选取空间轴承中含滚珠的一个扇区单元进行仿真研究。

2.5.2　热载荷加载

根据空间轴承实际运转时的环境温度、热传导方式和摩擦热等因素对其热载荷和边界条件进行设置，具体如下：

① 交变温度作为边界条件，并依具体工况实时变化；

② 空间轴承与外界之间的传热形式为热辐射，在轴承外表面加载热辐射；

③ 将滚珠与沟道处的摩擦热作为热载荷，并以热流密度的方式分别加载到接触面上，而内、外圈接触处的热量分别依热阻大小进行分配。

由于摩擦热两端的热阻大小不同，分配热量与其热阻大小成正比。设图 2-4 中所有串联热阻总和为 R_A，内圈摩擦热 H_{bi} 分配到外圈及轴承座的热量为

$$H_1 = \frac{R_h + R_{bo} + R_b}{R_A} H_{bi} \tag{2-39}$$

分配到滚珠、内圈及转轴的热量为

$$H_2 = \frac{R_{bi} + R_{sr} + R_{sa}}{R_A} H_{bi} \tag{2-40}$$

同理可知，外圈摩擦热 H_{bo} 分配到滚珠、外圈及轴承座的热量为

$$H_3 = \frac{R_h + R_{bo}}{R_A} H_{bo} \tag{2-41}$$

分配到内圈及转轴的热量为

$$H_4 = \frac{R_b + R_{bi} + R_{sr} + R_{sa}}{R_A} H_{bo} \tag{2-42}$$

依此分析可知：在加载热源时，加载到外圈接触处的热量为 $H_1 + H_3$，加载到内圈接触处的热量为 $H_2 + H_4$。

2.5.3　仿真结果

由上述分析知，载荷、转速和交变温度是影响空间轴承温度场的主要因素。这里主要研究不同载荷、不同转速和不同环境温度下单一因素变化时轴承温度场的演化规律。图 2-6 为不同载荷影响空间轴承温度场中载荷为 1000N 的一种工况。图 2-7 为不同转速影响空间轴承温度场中转速为 1000r/min 的一种工况。空间环境温度表现高低温交变，主要影响空间轴承温度场内部温度的高低。图 2-8 和图 2-9 分别为交变温度为 80℃和－60℃下的轴承内部温度分布情况。

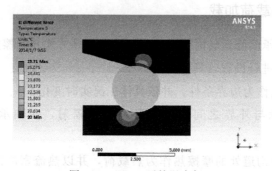

图 2-6　1000N 下的温度场

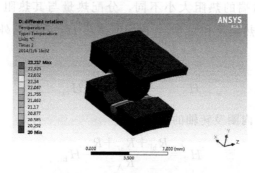

图 2-7　1000r/min 下的温度场

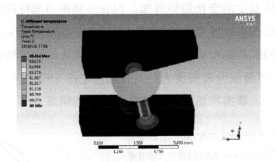

图 2-8　交变温度 80℃下的温度场

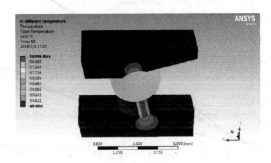

图 2-9　交变温度－60℃下的温度场

从仿真结果可知：滚珠与内外圈接触区域分别是内、外圈上的最高温度，温度以接触区域为中心呈扇形向外扩散分布；外圈的最高温度低于内圈的最高温度；交变温度下，温度以环境温度为基准进行变化。由于摩擦热产生于沟道的接触处，内圈的摩擦热高于外圈，热量从接触区域向外扩散传导。交变温度决定了温度变化的起点，温度分布在环境温度的基础上升高，升高量取决于内部摩擦热。

2.6　轴承温度场的影响因素研究

为了研究载荷、转速和交变温度对轴承温度场的影响，选取轴承内、外圈的最高温度，分析影响因素变化时的变化规律。将仿真结果和理论计算对比分析，用仿真来验证理论分析。依据式(2-35)和式(2-37)计算出内、外圈的摩擦热，结合热传导方程组（2-38），分析空间轴承的温度场。

2.6.1　理论分析与仿真研究

图 2-10 为环境温度 20℃、转速 300r/min 时，轴承内、外圈温度随轴向载

荷的变化规律。从温度的变化趋势可知：内、外圈沟道温度随轴向载荷增加而升高，且内圈的温度高于外圈的温度；内圈温度升高幅度明显高于外圈温度升高幅度，但整体的升高幅度比较小。在轴向载荷最大许用范围内，当载荷达到500N后，内圈沟道温度升高幅度大约是外圈沟道的2～3倍。随着轴向载荷增加，摩擦力矩增大，摩擦产热增加，温度升高也就明显。

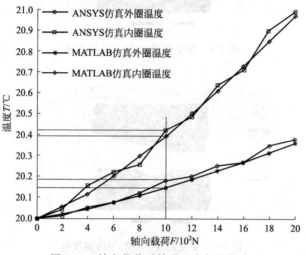

图 2-10 轴向载荷对轴承温度场的影响

图 2-11 为环境温度 20℃、载荷 1000N 时，内、外圈沟道温度随转速的变化规律。内、外圈沟道温度随主轴的转速升高而升高，在速度增加相同量时内圈的温度升高量明显高于外圈，且转速与内、外圈沟道温度呈线性关系。与轴

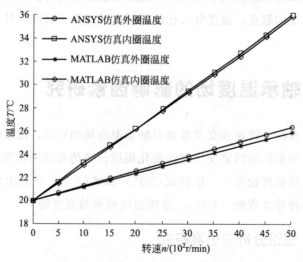

图 2-11 转速对轴承温度场的影响

向载荷作用下的温度升高率相比，转速对内、外圈温度升高率的影响更显著。分析可知：在中低速时，离心效应和陀螺运动可以忽略，此时沟道接触处的摩擦热量随转速升高呈正比例增加；内、外圈沟道处的温度升高幅度取决于热量分配关系和产热量；在转速升高时，内圈自旋摩擦产热逐渐变得显著。

研究交变温度对空间轴承热学特性影响时，轴向载荷和转速分别选取 1000N 和 500r/min，内、外圈沟道温度变化结果如图 2-12 所示。随着交变温度升高，内、外圈的沟道温度升高，且交变温度对轴承温度影响也是线性的。

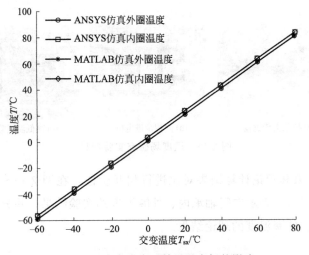

图 2-12 交变温度对轴承温度场的影响

结合图 2-8 和图 2-9，交变温度影响空间轴承的整体温度，但不影响空间轴承内部的温度分布。由于轴承在轻载、低速状态下运转，因此内、外圈沟道间的温差较小，温差大小由载荷和转速引起的摩擦热决定。轴承静止时，轴承内各处温度相同，温升仅由交变温度决定。

2.6.2 理论分析与实验研究

在验证理论分析时，分别进行了轴向载荷、转速和交变温度影响空间轴承温度场演化规律的实验研究。本实验中采用拉压力传感器 LKL-1020 控制轴向载荷，两相步进电机 42BYG250-50 变换主轴转速，高低温试验箱 H/GDW 对空间轴承组件加载交变温度，热电偶探头测试温度，进行单一因素对空间轴承温度场影响的实验研究，其实验示意图如图 2-13 所示。

图 2-13 中的拉压力传感器 LKL-1020、两相步进电机 42BYG250-50 和高低温试验箱 H/GDW 的实物图如图 2-14 所示。

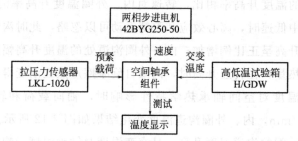

图 2-13 轴承温度场影响因素分析实验示意图

(a) 拉压力传感器　　　　(b) 两相步进电机　　　　(c) 高低温试验箱

图 2-14 温度场研究实验器材

　　将实验结果和理论计算结果对比进行相互验证，在图 2-15～图 2-17 中分别用 $T\text{-}T_i$ 和 $T\text{-}T_o$ 表示空间轴承内、外圈温度的实验结果，并分别以 $C\text{-}T_i$ 和 $C\text{-}T_o$ 表示内、外圈温度的理论结果。

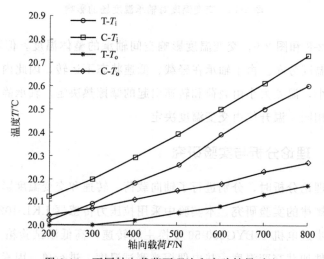

图 2-15 不同轴向载荷下理论和实验结果对比

　　分析载荷对空间轴承温度场影响时，将环境温度和转速设为定值，并利用不同的载荷研究内外圈温度变化。图 2-15 为不同轴向载荷下理论和实验结果对比。内、外圈温度随载荷增大而增大，且二者之间的温度差也随载荷增大而增大。

图 2-16 为主轴转速变化时空间轴承温度场的理论结果和实验结果对比。分析图 2-16 中曲线变化趋势可知：内、外圈沟道温度随轴承转速近似成比例增加；内圈温度升高量要比外圈的高，这也验证了内圈摩擦热量大于外圈的。

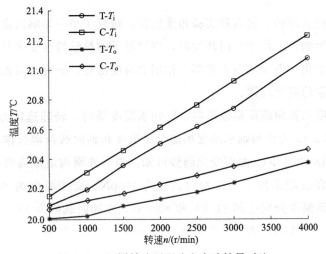

图 2-16　不同转速下理论和实验结果对比

在轴向载荷和转速为定值、环境温度变化时交变温度影响空间轴承温度场演化规律的实验结果和理论结果对比如图 2-17 所示。从图 2-17 可知，交变温度变化引起内、外圈的温度升高量相同。

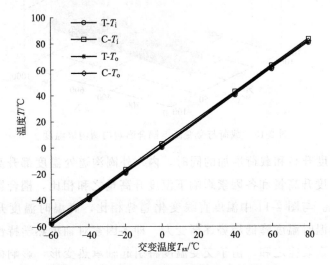

图 2-17　不同交变温度下理论和实验结果对比

综合分析图 2-15～图 2-17 对比结果可知，实验结果比理论值小，但误差不大。由于理论分析忽略了别的环境因素的影响，且空间环境较难以模拟实现。从总体变化趋势上分析，理论与实验结果基本上吻合，这也从实验角度验证了文中建立的空间轴承温度场分析模型是正确的，并说明了其合理性。

2.6.3 多因素耦合对轴承温度场的影响

上述分析从理论、仿真和实验角度出发，研究了单一影响因素对空间轴承热学特性的影响。工作于空间环境时，空间轴承的热学特性受多种影响因素的综合作用而变化。下文从多因素耦合作用的角度出发，研究空间轴承的热学特性随影响因素的演化规律。

交变温度和轴向载荷耦合影响空间轴承温度场时，转速选定为 500r/min，图 2-18 和图 2-19 为空间轴承温度场随交变温度和轴向载荷耦合作用的演化规律。由图 2-18 和图 2-19 曲面变化趋势可知：内、外圈沟道最高温度和最低温度分别出现在极端条件下。在轴向载荷为 1000N、交变温度为 80℃时，内、外圈沟道最高温度分别达到 81.2℃ 和 80.5℃；在轴向载荷为 0N、交变温度为 －60℃时，内、外圈沟道温度降到最低，分别为 －58.6℃ 和 －59.1℃。

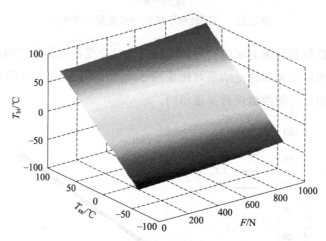

图 2-18 载荷与交变温度耦合影响内圈沟道温度

交变温度升高和载荷增加的同时，内、外圈沟道处温度都升高。与耦合影响下的温度升高量和各因素影响下温度升高量之和相比，耦合影响下温度升高幅度大。与图 2-11 中温度直线变化趋势相比，高温时温度升高趋势逐渐变大；低温时温度降低趋势逐渐变大。即多因素对轴承热学特性的耦合效应大于各因素效应之和。由于交变温度将引起轴承热变形，影响内、外圈和滚珠的接触变形，改变了轴承预紧力，进而影响了摩擦产热，即不同环境温

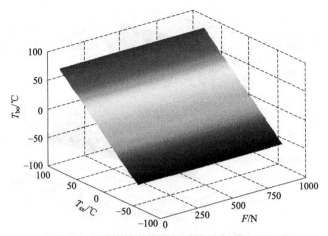

图 2-19　载荷与交变温度耦合影响外圈沟道温度

度下产热不同。

　　在轴向载荷为 1000N 时，将转速与交变温度耦合，研究二者综合作用于空间轴承温度场。图 2-20 和图 2-21 分别为在转速与交变温度的共同作用下，轴承内、外圈沟道处温度的演化结果。在转速为 500r/min、交变温度为 80℃时，内、外圈沟道最高温度达到最大，分别为 81.2℃ 和 80.5℃；在转速为 0r/min、交变温度为 −60℃时，轴承各个位置的温度都相同，且同为 −60℃。

　　当交变温度和转速增加时，内、外圈沟道处的温度升高，且变化趋势的曲面为平面。交变温度和转速综合影响下的温度升高量与各因素影响下的温度升高量之和相比，温度升高幅值相同。这是由于交变温度和输出轴的转速是解耦的，二者之间没有相互影响。

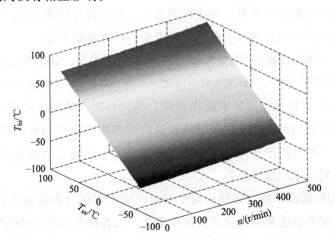

图 2-20　转速与交变温度对内圈沟道温度的影响

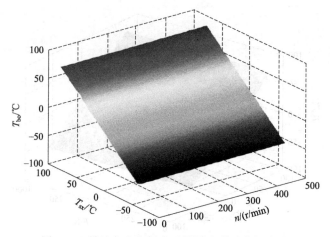

图 2-21 转速与交变温度对外圈沟道温度的影响

综合分析可知：在载荷和转速较低时，二者对轴承温度影响较弱，内、外圈沟道温升接近相同；与前两影响因素相比，交变温度对轴承温度的影响更显著。

2.7 小结

本章以精密轴系组件中的 71807C 角接触球轴承为例，建立精密轴系组件的热传递网络模型，通过有限元仿真和实验来验证理论模型的正确性。分别从单一因素和多因素耦合作用的角度出发，研究了空间轴承温度场的分布及其演化规律，并得到以下结论：

① 对比交变温度、转速和轴向载荷这三个影响因素对空间轴承温升的结果，交变温度的影响最明显，转速影响次之，轴向载荷影响较弱。在低速、轻载时，转速和载荷对温度场的影响效果很小，可以忽略不计。

② 内、外圈沟道温度升高量与分配摩擦热量比例有关，由阻抗大小决定，同时与摩擦力矩的产热量有关。转速和载荷增加时，内、外圈沟道间的温差逐渐变大。

③ 单一因素影响空间轴承温度场时，内、外圈沟道温度随交变温度、转速和轴向载荷作用增大而升高；转速和轴向载荷影响空间轴承内的温度分布，且内圈温度升高量高于外圈温度升高量；交变温度影响空间轴承整体的温度，但不影响空间轴承的温度分布。

④ 多因素耦合影响空间轴承温度场时，多因素耦合影响效果比各因素影响之和大。交变温度和轴向载荷间存在耦合，二者耦合影响轴承热学特性；交变温度与转速互不影响，二者共同影响轴承热学特性。

第3章

空间轴承润滑膜磨损

3.1 引言

为适应强辐射、高低温及交变和高真空等复杂的空间环境，空间轴承将无法采用常规的油脂润滑而只能采用固体润滑[145,146]。MoS_2具有磨损寿命高、耐辐射、耐高低温，且在高真空条件下摩擦系数小、蒸发率小等优点，因此被广泛地用作空间轴承在空间环境中的润滑膜[147~149]。在众多影响空间轴承可靠性的因素中，润滑膜磨损是导致空间轴承润滑失效或预紧失效的主要原因。

在运转过程中，由于预紧力和工作载荷的共同作用，滚珠与内外圈接触并发生摩擦、磨损。磨损改变轴承结构参数，将影响轴承几何精度和运动精度，同时也影响轴承的润滑性能，严重时可能导致轴承精度失效或润滑失效，进而影响其使用寿命。随着滚珠与沟道间的磨损量增加，轴承的工作间隙增加、预紧力降低，轴承运转精度和支撑刚度降低，此时振动和噪声也增大。滚珠和沟道表面溅射MoS_2固体润滑膜，其磨损也将影响空间轴承的运转精度和润滑性能等。为了确保空间轴承可靠运转，空间轴承磨损成为研究的热点。

本章将从润滑膜的磨损角度入手，分析因润滑膜磨损而造成空间轴承面临的失效模式，结合失效模式探究失效机理。基于滚动轴承的运动学、动力学和Archard磨损理论建立空间轴承磨损的寿命模型，并研究转速和载荷对磨损量的影响。在此基础上，考虑装配位置偏差研究空间轴承各角位置的磨损状况。

3.2 轴承运动学分析

当受到载荷作用时，轴承的滚珠与沟道接触并进一步发生了变形。此时，滚珠相对于沟道的运动是由滚动和滑动组成的复合运动。对于角接触轴承，一般同时存在滚动、自旋运动和陀螺运动，而陀螺运动和自旋运动引起滚珠在沟道内滑动[150]。为分析滚珠的运动，建立滚珠瞬时运动速度的矢量图，如图 3-1 所示。由轴承的轴线固定不变，因此以此轴线作为固定坐标系 XYZ 的 X 轴。动坐标系 $x'y'z'$ 是随滚珠运动而运动，圆心位于滚珠的球心位置，x' 轴平行于轴线且与轴线相距 $d_m/2$。滚珠角速度与 $x'y'$ 面成 β' 角，投影到 $x'y'$ 面后与 x' 轴成 β 角。将角速度 ω_b 分解到动坐标系的 x'、y' 和 z' 轴，其大小分别为 ω'_x、ω'_y 和 ω'_z，并满足如下的关系：

$$\omega_b^2 = \omega_{x'}^2 + \omega_{y'}^2 + \omega_{z'}^2 \tag{3-1}$$

由图 3-1 可知

$$\omega_{x'} = \omega_b \cos\beta \cos\beta' \tag{3-2}$$

$$\omega_{y'} = \omega_b \cos\beta \sin\beta' \tag{3-3}$$

$$\omega_{z'} = \omega_b \sin\beta \tag{3-4}$$

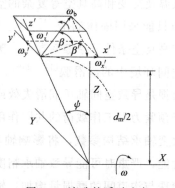

图 3-1 滚珠的瞬时速度

在接触载荷的作用下，滚珠与沟道发生接触变形，接触区域形状为椭圆状。由 Hertz 接触理论可知[151]，接触椭圆承载法向接触压力，椭圆的长半轴 a_o、短半轴 b_o 由接触压力确定，变形受压表面的等效曲率半径为

$$R_o = \frac{2r_o D_b}{2r_o + D_b} \tag{3-5}$$

式中　r_o——外圈沟道的曲率半径。

接触区域内不同点的速度不同，选取该区域内的任一点 (x_o, y_o)，研究滑动和自旋运动的速度。由图 3-2 可知，沿椭圆长半轴方向的滑动速度由外圈角速度 ω_o 和滚珠的速度 ω_R 共同决定。外圈角速度矢量分量 $\omega_o \cos\alpha_o$ 决定滑动速度，其大小为

$$v_{1o} = -\frac{d_m \omega_o}{2} - \left\{ \sqrt{(R_o^2 - x_o^2)} - \sqrt{(R_o^2 - a_o^2)} + \left[\sqrt{\left(\frac{D_b}{2}\right)^2 - a_o^2} \right] \right\} \omega_o \cos\alpha_o$$

$$(3\text{-}6)$$

式中　d_m——节圆直径；

α_o——外圈接触角。

由角速度 ω_R 的矢量分量 $\omega_{x'} \cos\alpha_o$ 和 $\omega_{z'} \sin\alpha_o$ 共同决定滑动速度，其大小为

$$v_{2o} = -(\omega_{x'} \cos\alpha_o + \omega_{z'} \sin\alpha_o) \times \left\{ \sqrt{(R_o^2 - x_o^2)} - \sqrt{(R_o^2 - a_o^2)} + \left[\sqrt{\left(\frac{D_b}{2}\right)^2 - a_o^2} \right] \right\}$$

$$(3\text{-}7)$$

在滚动方向上，滚珠与外圈的相对滑动速度由 v_{1o} 和 v_{2o} 速度差决定，即为

$$v_{yo} = v_{1o} - v_{2o} \qquad\qquad (3\text{-}8)$$

将 v_{1o} 和 v_{2o} 代入整理可得

$$v_{yo} = -\frac{d_m \omega_o}{2} + \left\{ \sqrt{(R_o^2 - x_o^2)} - \sqrt{(R_o^2 - a_o^2)} + \left[\sqrt{\left(\frac{D_b}{2}\right)^2 - a_o^2} \right] \right\} \times$$

$$(3\text{-}9)$$

$$\left(\frac{\omega_b}{\omega_o} \cos\beta \cos\beta' \cos\alpha_o + \frac{\omega_b}{\omega_o} \sin\beta \sin\alpha_o - \cos\alpha_o \right) \omega_o$$

在接触椭圆的短半轴方向上，由角速度 ω_R 的矢量分量 $\omega_{y'}$ 决定的滑动速度为

$$v_{xo} = -\left\{ \sqrt{(R_o^2 - x_o^2)} - \sqrt{(R_o^2 - a_o^2)} + \left[\sqrt{\left(\frac{D}{2}\right)^2 - a_o^2} \right] \right\} \omega_o \left(\frac{\omega_b}{\omega_o} \right) \cos\beta \sin\beta'$$

$$(3\text{-}10)$$

在垂直于接触表面的方向上，滚珠角速度矢量分量 $\omega_{x'}$ 和 $\omega_{y'}$ 及外圈角速度 ω_o 引起滚珠相对沟道的自旋角速度为

$$\omega_{so} = \left(\frac{\omega_b}{\omega_o} \cos\beta \cos\beta' \sin\alpha_o - \frac{\omega_b}{\omega_o} \sin\beta \cos\alpha_o - \sin\alpha_o \right) \omega_o \qquad (3\text{-}11)$$

在滚珠的表面上，存在滚珠的线速度和外圈线速度相等的点，此位置的滚动半径为 r_o'，由图 3-2 可知

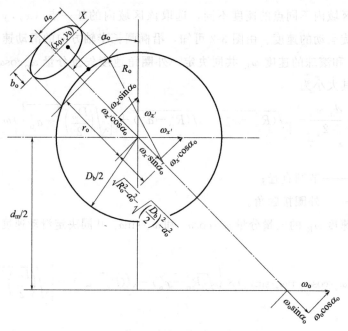

图 3-2 外圈接触点速度

$$\left(\frac{d_{\mathrm{m}}}{2\cos\alpha_{\mathrm{o}}}+r_{\mathrm{o}}'\right)\omega_{\mathrm{o}}\cos\alpha_{\mathrm{o}}=r_{\mathrm{o}}'(\omega_{x'}\cos\alpha_{\mathrm{o}}+\omega_{z'}\sin\alpha_{\mathrm{o}}) \tag{3-12}$$

将式(3-2)和式(3-4)代入式(3-12)整理可得

$$\frac{\omega_{\mathrm{b}}}{\omega_{\mathrm{o}}}=\frac{\dfrac{d_{\mathrm{m}}}{2}+r_{\mathrm{o}}'\cos\alpha_{\mathrm{o}}}{r_{\mathrm{o}}'(\cos\beta\cos\beta'\cos\alpha_{\mathrm{o}}+\sin\beta\sin\alpha_{\mathrm{o}})} \tag{3-13}$$

同理可分析内圈接触点的速度，如图 3-3 所示，得到的沿内圈接触椭圆长短半轴方向的滑动速度 v_{yi} 和 v_{xi} 及自旋角速度 ω_{si} 分别为

$$v_{yi}=-\frac{d_{\mathrm{m}}\omega_{\mathrm{i}}}{2}-\left\{\sqrt{(R_{\mathrm{i}}^2-x_{\mathrm{i}}^2)}-\sqrt{(R_{\mathrm{i}}^2-a_{\mathrm{i}}^2)}+\left[\sqrt{\left(\frac{D_{\mathrm{b}}}{2}\right)^2-a_{\mathrm{i}}^2}\right]\right\}\times$$

$$\left(\frac{\omega_{\mathrm{b}}}{\omega_{\mathrm{i}}}\cos\beta\cos\beta'\sin\alpha_{\mathrm{i}}+\frac{\omega_{\mathrm{b}}}{\omega_{\mathrm{i}}}\sin\beta\sin\alpha_{\mathrm{i}}-\cos\alpha_{\mathrm{i}}\right)\omega_{\mathrm{i}}$$

$$\tag{3-14}$$

$$v_{xi}=-\left\{\sqrt{(R_{\mathrm{i}}^2-x_{\mathrm{i}}^2)}-\sqrt{(R_{\mathrm{i}}^2-a_{\mathrm{i}}^2)}+\left[\sqrt{\left(\frac{D_{\mathrm{b}}}{2}\right)^2-a_{\mathrm{i}}^2}\right]\right\}\omega_{\mathrm{i}}\left(\frac{\omega_{\mathrm{b}}}{\omega_{\mathrm{i}}}\right)\cos\beta\sin\beta'$$

$$\tag{3-15}$$

$$\omega_{\mathrm{si}}=\left(-\frac{\omega_{\mathrm{b}}}{\omega_{\mathrm{i}}}\cos\beta\cos\beta'\sin\alpha_{\mathrm{i}}+\frac{\omega_{\mathrm{b}}}{\omega_{\mathrm{i}}}\sin\beta\cos\alpha_{\mathrm{i}}+\sin\alpha_{\mathrm{i}}\right)\omega_{\mathrm{i}} \tag{3-16}$$

滚珠角速度 ω_{b} 和内圈转速 ω_{i} 的关系为

$$\frac{\omega_b}{\omega_i} = \frac{-\dfrac{d_m}{2} + r'_i \cos\alpha_i}{r'_i(\cos\beta\cos\beta'\cos\alpha_i + \sin\beta\sin\alpha_i)} \tag{3-17}$$

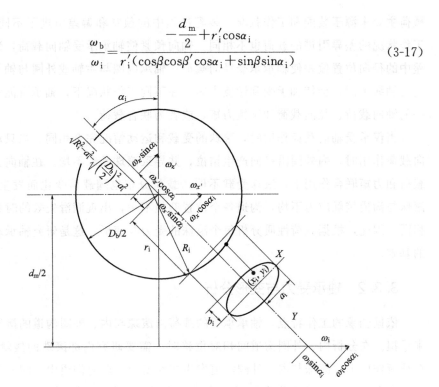

图 3-3　内圈接触点速度

对于空间轴承的运动而言，轴承外圈固定，内圈以绝对角速度 ω 随主轴一起旋转，则滚珠中心以角速度 $\omega_m = -\omega_o$ 绕轴承旋转轴线公转，内圈沟道的绝对角速度为 $\omega = \omega_i + \omega_m$。依据这些关系，可以求出相对角速度 ω_i 和 ω_o 为

$$\omega_i = \cfrac{\omega}{1 + \cfrac{r'_o\left(\dfrac{d_m}{2} - r'_i\cos\alpha_i\right)(\cos\beta\cos\beta'\cos\alpha_o + \sin\beta\sin\alpha_o)}{r'_i\left(\dfrac{d_m}{2} + r'_o\cos\alpha_o\right)(\cos\beta\cos\beta'\cos\alpha_i + \sin\beta\sin\alpha_i)}} \tag{3-18}$$

$$\omega_o = \cfrac{-\omega}{1 + \cfrac{r'_i\left(\dfrac{d_m}{2} + r'_o\cos\alpha_o\right)(\cos\beta\cos\beta'\cos\alpha_i + \sin\beta\sin\alpha_i)}{r'_o\left(\dfrac{d_m}{2} - r'_i\cos\alpha_i\right)(\cos\beta\cos\beta'\cos\alpha_o + \sin\beta\sin\alpha_o)}} \tag{3-19}$$

3.3　轴承静力学分析

3.3.1　轴承的载荷

根据载荷性质，轴承承受的载荷可分为轴向载荷、径向载荷和倾覆力矩。

载荷主要来源于装配和工作状况，装配过程中的预紧和偏差引进了不同载荷，工作状况的差异引进的载荷也不相同。轴向预紧使轴承承受轴向载荷，装配偏差中的径向位置偏差使轴承承受径向载荷；轴承内圈与主轴或外圈与轴承座之间的轴线不同，会使轴承受到倾覆力矩。在不同工作状况下，轴承可能承受单一的轴向载荷、径向载荷和倾覆力矩，或者为联合载荷。

当仅承受轴向载荷作用时，滚珠的受载和运动情况完全相同。当只承受径向载荷作用时，内外圈沿径向产生错位，并导致滚珠受载不均。在轴向、径向载荷和力矩联合作用下，滚珠受载不同，载荷分布也随载荷变化而发生变化。滚珠与沟道接触应力不均，沟道各个位置磨损不一，出现润滑失效的时刻也不相同。因此，根据载荷性质分析每个滚珠的受力与变形，这是研究轴承动力学的基础。

3.3.2　轴承受力与变形分析

依据轴承的工作特点，轴承承受的载荷由滚珠与内、外圈沟道的接触变形来承担。在分析内、外圈沟道间相对位移时，需要研究内部滚珠的接触变形。在载荷作用下，滚珠与内、外圈沟道发生接触变形，此时沟道中心间的距离随变形而发生变化。无载荷作用时，滚珠与沟道只接触而不变形；受载荷作用时，滚珠与沟道不仅接触而且发生变形。由图 3-4 可知，在载荷作用下，滚珠与沟道接触并分别产生相应的变形量 δ_i 和 δ_o；沟道间的初始距离由 A 变为 S，且二者间的关系如式（3-20）和式（3-21）所示。

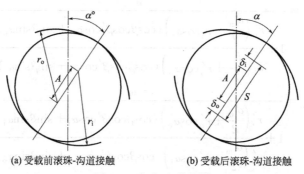

(a) 受载前滚珠-沟道接触　　　　(b) 受载后滚珠-沟道接触

图 3-4　滚珠-沟道接触

$$S = A + \delta_i + \delta_o \tag{3-20}$$

$$\delta_n = \delta_i + \delta_o = S - A \tag{3-21}$$

式中　A——沟道曲率中心间的距离；

　　　　δ_i——滚珠与内圈沟道的接触变形；

$\delta_\circ$——滚珠与外圈沟道的接触变形；

δ_n——滚珠与沟道间的接触变形。

在不同性质载荷的作用下，轴承内、外圈间会产生不同方向的位移。在轴向载荷作用下，内、外圈间沿轴向方向产生相对位移；在径向载荷作用下，内、外圈间仅沿径向方向产生相对位移；在轴向、径向和力矩载荷联合作用下，内圈相对于外圈产生了相对轴向和径向位移及偏转位移，具体示意图如图 3-5 所示。

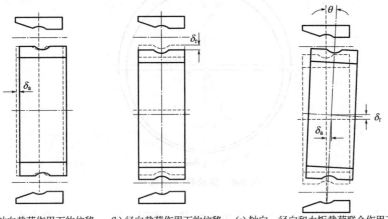

(a) 轴向载荷作用下的位移　(b) 径向载荷作用下的位移　(c) 轴向、径向和力矩载荷联合作用下的位移

图 3-5　不同性质载荷下的变形

对于轴向载荷下的轴承，初始接触角 α_0 变为 α，每个滚珠都将产生相同的法向变形量，而内、外圈的轴向位移与滚珠法向变形量有关。轴向载荷 F_a、法向变形量 δ_n 和轴向位移 δ_a 的关系如式(3-22)～式(3-24)所示。

$$\frac{F_a}{ZK_n(BD_w)^{3/2}}=\sin\alpha\left(\frac{\cos\alpha_0}{\cos\alpha}-1\right)^{3/2} \tag{3-22}$$

$$\delta_n=BD_w\left(\frac{\cos\alpha_0}{\cos\alpha}-1\right) \tag{3-23}$$

$$\delta_a=(BD_w+\delta_n)\sin\alpha-BD_w\sin\alpha_0 \tag{3-24}$$

式中　K_n——载荷-位移系数；

　　Z——滚珠数目；

　　α——接触角；

　　α_0——初始接触角；

　　δ_a——轴向变形量；

　　BD_w——沟道曲率中心间的距离。

对于径向载荷作用下的轴承，在不同角位置滚珠的径向位移如图 3-6 所

示，其大小为

$$\delta_{\psi} = \delta_r \left[1 - \frac{1}{2\varepsilon}(1 - \cos\psi) \right] \tag{3-25}$$

$$\varepsilon = \frac{1}{2}\left(1 - \frac{u_r}{2\delta_r}\right) \tag{3-26}$$

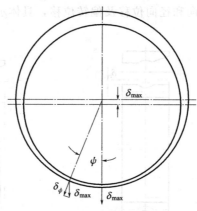

图 3-6　滚珠径向位移

径向载荷由所有发生接触变形的滚珠共同承担，即径向载荷的大小与接触变形滚珠的竖向分量之和相等。与载荷方向相同的位置，滚珠变形量最大，在不同角位置处滚珠变形量不同。径向载荷 F_r 和径向位移 δ_r 的关系为

$$F_r = \frac{1}{2\pi}ZK_n\left(\delta_r - \frac{1}{2}u_r\right)^{1.5}\int_{-\psi_l}^{\psi_l}\left[1 - \frac{1}{2\varepsilon}(1 - \cos\psi)\right]^{1.5}\cos\psi d\psi \tag{3-27}$$

式中　u_r——径向间隙；

ψ_l——滚珠接触范围。

3.3.3　轴承静力学模型

在径向、轴向和力矩载荷联合作用下，内圈相对于外圈产生了相对径向位移 δ_r 和轴向位移 δ_a 及偏转角位移 θ。当载荷作用于轴承上时，假定轴承外圈是固定不动的，则内圈将随载荷的作用而产生相应的位移。此时，内、外圈沟道曲率中心间的距离 S 变为

$$S = \left[(A\sin\alpha° + \delta_a + \mathscr{R}_i\theta\cos\psi)^2 + (A\cos\alpha° + \delta_r\cos\psi)^2\right]^{0.5} \tag{3-28}$$

式中　$\mathscr{R}_i$——沟道曲率中心轨迹半径；

$\alpha°$——自由接触角。

令：$\overline{\delta}_a = \dfrac{\delta_a}{A}$；$\overline{\delta}_r = \dfrac{\delta_r}{A}$；$\overline{\theta} = \dfrac{\theta}{A}$

由式(3-20)、式(3-21) 和式(3-26) 联列可知，滚珠法向变形量为

$$\delta_n = A\{[(\sin\alpha° + \overline{\delta}_a + \mathfrak{R}_i\overline{\theta}\cos\psi)^2 + (\cos\alpha° + \overline{\delta}_r\cos\psi)^2]^{0.5} - 1\} \quad (3\text{-}29)$$

根据载荷与变形的关系，沿接触角作用于滚珠上的法向载荷为

$$Q = K_n\delta^{1.5} \quad (3\text{-}30)$$

将式(3-28) 中的法向载荷沿径向和法向分解可得其分量分别为

$$Q_a = Q\sin\alpha \quad (3\text{-}31)$$

$$Q_r = Q\cos\psi\cos\alpha \quad (3\text{-}32)$$

滚珠在任意角位移 ψ 处，工作接触角 α 的正余弦分别为

$$\sin\alpha = \frac{\sin\alpha° + \overline{\delta}_a + \mathfrak{R}_i\overline{\theta}\cos\psi}{\sqrt{(\sin\alpha° + \overline{\delta}_a + \mathfrak{R}_i\overline{\theta}\cos\psi)^2 + (\cos\alpha° + \overline{\delta}_r\cos\psi)^2}} \quad (3\text{-}33)$$

$$\cos\alpha = \frac{\cos\alpha° + \overline{\delta}_r\cos\psi}{\sqrt{(\sin\alpha° + \overline{\delta}_a + \mathfrak{R}_i\overline{\theta}\cos\psi)^2 + (\cos\alpha° + \overline{\delta}_r\cos\psi)^2}} \quad (3\text{-}34)$$

由受力平衡可知，作用于轴承的轴向、径向和力矩载荷由所有滚珠接触载荷在轴向、径向方向上的分量之和及每一个受载滚珠对套圈产生的力矩之和，其表达如式(3-35)～式(3-37) 所示。

$$F_a = \sum_{\psi=0}^{\psi=\pm\pi} Q_\psi \sin\alpha \quad (3\text{-}35)$$

$$F_r = \sum_{\psi=0}^{\psi=\pm\pi} Q_\psi \cos\psi \cos\alpha \quad (3\text{-}36)$$

$$M_\psi = \frac{d_m}{2} Q_\psi \cos\psi \sin\alpha \quad (3\text{-}37)$$

将式(3-25)、式(3-26)、式(3-29) 和式(3-30) 代入式(3-35)～式(3-37) 可得轴承静力平衡方程组为

$$F_a = K_n A^{1.5} \sum_{\psi=0}^{\psi=\pm\pi} \frac{\left[\sqrt{(\sin\alpha° + \overline{\delta}_a + \mathfrak{R}_i\overline{\theta}\cos\psi)^2 + (\cos\alpha° + \overline{\delta}_r\cos\psi)^2} - 1\right]^{1.5}(\sin\alpha° + \overline{\delta}_a + \mathfrak{R}_i\overline{\theta}\cos\psi)}{\sqrt{(\sin\alpha° + \overline{\delta}_a + \mathfrak{R}_i\overline{\theta}\cos\psi)^2 + (\cos\alpha° + \overline{\delta}_r\cos\psi)^2}}$$

$$(3\text{-}38)$$

$$F_r = K_n A^{1.5} \sum_{\psi=0}^{\psi=\pm\pi} \frac{\left[\sqrt{(\sin\alpha° + \overline{\delta}_a + \mathfrak{R}_i\overline{\theta}\cos\psi)^2 + (\cos\alpha° + \overline{\delta}_r\cos\psi)^2} - 1\right]^{1.5}(\cos\alpha° + \overline{\delta}_r\cos\psi)\cos\psi}{\sqrt{(\sin\alpha° + \overline{\delta}_a + \mathfrak{R}_i\overline{\theta}\cos\psi)^2 + (\cos\alpha° + \overline{\delta}_r\cos\psi)^2}}$$

$$(3\text{-}39)$$

$$M_\psi =$$

$$\frac{d_m}{2}K_n A^{1.5}\sum_{\psi=0}^{\psi=\frac{z-1}{z}\pi}\frac{\left[\sqrt{(\sin\alpha°+\overline{\delta}_a+\mathscr{R}_i\overline{\theta}\cos\psi)^2+(\cos\alpha°+\overline{\delta}_r\cos\psi)^2}-1\right]^{1.5}(\sin\alpha°+\overline{\delta}_a+\mathscr{R}_i\overline{\theta}\cos\psi)\cos\psi}{\sqrt{(\sin\alpha°+\overline{\delta}_a+\mathscr{R}_i\overline{\theta}\cos\psi)^2+(\cos\alpha°+\overline{\delta}_r\cos\psi)^2}}$$

$$(3-40)$$

这里建立以 δ_a、δ_r 和 θ 为未知量的静力平衡方程组，这也是联合载荷与变形的关系。通过 Newton-Raphson 法对此非线性方程组求解，可得知 δ_a、δ_r 和 θ 的值。由此可以分析出每个滚珠的受力大小，为此后的磨损分析奠定基础。

3.4 磨损理论与寿命模型

磨损是由于机械作用和化学作用，接触表面在相对运动过程中产生表面材料损失、转移或者残余变形的现象。由于引起磨损的原因不同，磨损的形式及其原理也不尽相同。通过对磨损现象的分析，探究其变化规律和影响因素，达到提高耐磨性和预防磨损的目的。

3.4.1 磨损机理及其计算

依据磨损性质不同、作用机理不同，磨损可分为不同的类型。Burwell[152] 依据摩擦表面的破坏机理和磨损特征不同，将磨损分为黏着磨损、磨粒磨损、疲劳磨损、腐蚀磨损和微动磨损五大类。下边主要分析各种磨损的机理、影响因素和部分磨损的计算方法。

(1) 黏着磨损理论

黏着磨损是在接触载荷的作用下接触区域的材料由黏着效应形成黏着点，当相对滑动时黏着结点发生剪切断裂，被剪切的表面材料从一表面迁移到另一表面或脱落成磨屑的磨损现象。黏着磨损机理是微凸体的局部压力在一定的法向载荷作用下可能超过其材料的屈服压力而发生塑性变形，进而导致接触材料形成黏着结点。在相对运动过程中，由于剪切作用黏着结点发生轻微磨损；当剪切力达到一定值，黏着结点被剪断，其材料就产生迁移或脱落形成磨粒。影响黏着磨损的因素主要有接触载荷、表面温度、滑动速度和材料性能及润滑性能。

在 1953 年，Archard[153] 对黏着磨损做了大量的研究，并在此基础上提出了黏着磨损的计算模型。在此磨损模型中，假设黏着结点面积为以 a 为半径的圆。黏着结点在塑性接触状态时，承受的载荷为 $F=\pi a^2\sigma_s$。当黏着结点

沿球面磨损脱落时，磨损材料的体积为 $2\pi a^3/3$。则体积磨损率为

$$\frac{\mathrm{d}V}{\mathrm{d}L} = \frac{2\pi a^3}{3}/2a = \frac{Q}{3\sigma_\mathrm{s}} \tag{3-41}$$

式中　V——磨损体积；

　　　L——滑移距离；

　　　σ_s——屈服极限。

由此可知：材料磨损量与滑移距离成正比，与法向接触载荷成正比，但与材料的屈服极限成反比。

对于弹性材料 $\sigma_\mathrm{s} \approx H/3$，将其代入式(3-41) 可得：

$$\frac{\mathrm{d}V}{\mathrm{d}L} = K\frac{Q}{H} \tag{3-42}$$

式中　K——黏着磨损系数；

　　　H——布氏硬度。

(2) 磨粒磨损理论

磨粒磨损是在摩擦过程中外界硬颗粒或者摩擦表面的硬质凸起物引起表面材料迁移或脱落的现象。磨粒磨损机理主要有微观切削、疲劳磨损和挤压剥落三种，影响磨损的因素主要有载荷、滑移距离、磨粒和表面材料的相对滑动速度、腐蚀环境和磨粒的性能与形状等。

$$\frac{\mathrm{d}V}{\mathrm{d}L} = k_\mathrm{a}\frac{W}{H} \tag{3-43}$$

式中　k_a——磨粒磨损常数。

式(3-43) 中磨粒磨损常数受多种因素影响，其大小与磨粒硬度、形状和切削作用磨粒数量等因素有关。

(3) 疲劳磨损理论

疲劳磨损是摩擦表面在交变接触应力的作用下，表层材料发生塑性变形、疲劳而致其表面出现点蚀或剥落的现象。疲劳磨损机理是疲劳裂纹诱发点蚀、摩擦温度诱发点蚀和在最大剪应力作用处出现裂纹、点蚀或剥落。影响疲劳磨损的因素主要为载荷性质、材料性能、表面粗糙度和润滑性能。

(4) 腐蚀磨损理论

腐蚀磨损是指在摩擦过程中金属表面与周围介质发生化学或电化学反应形成反应膜，在机械作用下反应膜在摩擦过程中出现破裂或脱落的现象。腐蚀磨损就是腐蚀与磨损相互重复的过程，根据腐蚀原理可将其分为化学腐蚀磨损和电化学腐蚀磨损，也可分为氧化磨损和特殊介质腐蚀磨损。在腐蚀磨损过程中，滑动速度、载荷、反应膜硬度、介质含氧量和润滑状态对腐蚀磨损存在很

大的影响，这些因素稍有变化，磨损就发生很大的变化。

（5）微动磨损理论

微动磨损是相互接触的表面在小幅震动的作用下而产生的磨损。发生微动磨损的条件是接触表面间存在接触载荷，且存在微小振动或相互运动，载荷和运动必须足够使表面材料承受变形和位移。载荷、温度、材料性能和振动为影响微动磨损效果的作用因素。

3.4.2 润滑失效的寿命模型

空间轴承采用 MoS_2 润滑膜进行固体润滑，其润滑膜磨损导致空间轴承出现磨损失效。磨损失效主要包括两种失效形式：预紧失效和润滑失效。预紧失效是润滑膜磨损导致沟道结构参数发生改变，进而导致空间轴承预紧力降低，当预紧力降低到一定程度，其精度和刚度无法满足工作要求。润滑失效是空间轴承的固体润滑膜被磨尽，出现干摩擦现象的失效形式。当内外圈沟道的 MoS_2 润滑膜被磨漏、露出钢质基底时，空间轴承运转时处于干摩擦状态。此时，滚珠与沟道间的摩擦力矩激增、温度快速升高，易出现烧焦、咬合等故障，导致空间轴承无法正常工作。润滑膜的磨损寿命决定着空间轴承的使用寿命，也可以说，润滑膜磨损失效的时刻就是空间轴承寿命结束的时刻。

由于空间轴承磨损失效形式主要由润滑膜 MoS_2 材料的剥落、迁移使润滑膜变薄或者磨漏，因此可以应用黏着磨损理论对其磨损进行分析[154]。在研究 MoS_2 润滑膜的磨损过程中，采用广泛应用的 Archard 模型预测空间轴承的润滑失效的寿命。在分析润滑膜磨损过程中，基于 Archard 磨损模型可知润滑膜的瞬时磨损体积为

$$V = K \frac{QL}{H} \tag{3-44}$$

在磨损过程中，接触区域内不同微接触区域的接触压力和滑动速度不同，磨损体积也随之改变。同时，随润滑膜的磨损，同一接触区域的接触压力也不断地发生着变化。为分析不同时刻的磨损，需分析润滑膜的不同时刻的体积磨损率。将式（3-44）对时间求导，可得知润滑膜的体积磨损率为

$$\omega_V = K \frac{Qv}{H} \tag{3-45}$$

式中 Q——微接触区域的法向载荷；

v——微接触区域的滑动速度。

根据赫兹接触理论[155]，滚珠与沟道接触区域的形状为椭圆形。椭圆接触区域内的压力和速度分布如图 3-7 所示。接触载荷在椭圆接触区域内呈椭球形分布，不同微区域的接触压力为

$$p(x,y) = \frac{3Q}{2\pi ab}\left[1 - \left(\frac{x}{a}\right)^2 - \left(\frac{y}{b}\right)^2\right] \tag{3-46}$$

空间轴承的转速较低，滚珠在沟道内的公转打滑和陀螺旋转可忽略不计，微接触区域内的滑动速度由自旋滑动速度 v_s 和滑动速度 v_d 组成，则椭圆接触区内的微区域 $\mathrm{d}x\mathrm{d}y$ 的滑动速度为

$$\boldsymbol{v} = \boldsymbol{v}_s + \boldsymbol{v}_d \tag{3-47}$$

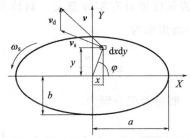

图 3-7　接触区域内的压力和滑动速度分布

依据 3.2 节轴承运动学分析，接触区内的微区域 $\mathrm{d}x\mathrm{d}y$ 的自旋滑动速度 v_s 和滑动速度 v_d 为

$$v_d = -\frac{d_m}{2}\left\{1 - \left\{(R_k^2 - x_k^2)^{0.5} - (R_k^2 - a_k^2)^{0.5} + \left[\left(\frac{D_b}{2}\right)^2 - a_k^2\right]^{0.5}\right\}/r_k'\right\} \tag{3-48}$$

$$r_k' = R_k - (R_k^2 - a_k^2)^{0.5} + \left[\left(\frac{D_b}{2}\right)^2 - a_k^2\right]^{0.5} \quad (k = \mathrm{i,o})$$

$$v_s = \omega_s(x^2 + y^2)^{0.5} \tag{3-49}$$

在不同微区域内，接触压力 p 和滑动速度 v 不同。因此，需要对整个接触椭圆内的 $p \times u$ 进行积分，具体表达式为

$$Qv = \iint pv\mathrm{d}x\mathrm{d}y \tag{3-50}$$

将式(3-46)～式(3-49) 代入式(3-50)，可得接触椭圆内的 Qv 为

$$Qv = \frac{3Q}{2\pi ab}\int_{-a}^{a}\int_{-b[1-(x/a)^2]^{\frac{1}{2}}}^{b[1-(x/a)^2]^{\frac{1}{2}}}\left[1-(x/a)^2-(y/b)^2\right]^{\frac{1}{2}} \times \sqrt{(y\omega_s)^2 + (x\omega_s + v_d)^2}\,\mathrm{d}x\mathrm{d}y \tag{3-51}$$

　　空间轴承受载不同时，滚珠与沟道的接触载荷不相同，不同角位置处的磨损也不同。对此，需研究每个滚珠接触区域的磨损率。将式(3-51)代入式(3-45)可得接触椭圆内的体积磨损率为

$$\omega_{\rm V} =$$

$$\frac{K}{H} \times \frac{3Q}{2\pi ab} \int_{-a}^{a} \int_{-b[1-(x/a)^2]^{\frac{1}{2}}}^{b[1-(x/a)^2]^{\frac{1}{2}}} \left[1-(x/a)^2-(y/b)^2\right]^{\frac{1}{2}} \times \sqrt{(y\omega_{\rm s})^2+(x\omega_{\rm s}+v_{\rm d})^2} \, {\rm d}x{\rm d}y$$

$$(3-52)$$

　　在磨损过程中，用磨损体积难以判别固体润滑膜是否失效。由于空间轴承沟道表面溅射的固体润滑膜厚度是确定的，因此磨损深度相对比较容易用于判别磨损失效，研究磨损的深度更具有实际意义。对体积磨损率除以磨损面积S，可得固体润滑膜深度磨损率为

$$\omega_{\rm h} = \frac{\omega_{\rm V}}{S} \tag{3-53}$$

　　对于内、外圈沟道，磨损面积分别为

$$S_{\rm i} = \left(\frac{1}{2\pi a_{\rm i}(d_{\rm m}-D_{\rm b}\cos\alpha_{\rm i})} + \frac{2}{Z\pi D_{\rm b}}\right)^{-1} \tag{3-54}$$

$$S_{\rm o} = \left(\frac{1}{2\pi a_{\rm o}(d_{\rm m}+D_{\rm b}\cos\alpha_{\rm o})} + \frac{2}{Z\pi D_{\rm b}}\right)^{-1} \tag{3-55}$$

　　由于空间轴承采用固体润滑，因此与常规油脂轴承寿命相比，二者存在很大的差异。空间轴承寿命的长短主要与润滑膜的磨损深度和初始预紧力有关。在预紧力较大时，空间轴承寿命的长短取决于润滑膜被磨漏的时间，也就是与润滑膜的厚度有关，因润滑失效而寿命结束；在预紧力较小时，寿命的长短取决于初始预紧力到预紧力失效的时间，这与润滑膜的许用磨损深度有关，因预紧失效而导致轴承失效。二者寿命的长短都与润滑膜磨损深度有关，其一是润滑膜厚度h_1，其二是润滑膜的许用磨损深度h_2。磨损寿命都可以通过式(3-56)求得。

$$T = \frac{1}{S} \int_{0}^{h} \omega_{\rm h} {\rm d}h \tag{3-56}$$

　　通过上述分析，空间轴承磨损失效主要指润滑失效和预紧力失效，并根据失效特点确定了各自决定的轴承使用寿命。将润滑失效决定的寿命与预紧失效决定的寿命中的最小寿命作为轴承的使用寿命，而使用寿命的大小主要取决于润滑膜厚度和初始预紧力的大小。

3.5 空间轴承磨损分析

通过上节的磨损分析可知，影响空间轴承固体润滑膜磨损的影响因素主要有滑动速度和接触载荷。滚珠的滑动速度主要由轴承的旋转速度决定；接触载荷主要包括装配中的预紧力和工作载荷，但是二者引进的载荷都可以当作轴向、径向和力矩联合载荷。这里主要分析转速和装配状况对润滑膜磨损的影响，其中装配状况主要指轴向预紧载荷和装配位置偏差。以 71807C 角接触球轴承为例，分别研究转速、轴向预紧力、径向位置偏差对润滑膜磨损的影响。

3.5.1 转速对磨损的影响

在载荷和磨损时间一定的情况下，随着轴承转速的增加，润滑膜的磨损深度逐渐增大，且增大趋势呈线性，具体如图 3-8 所示。

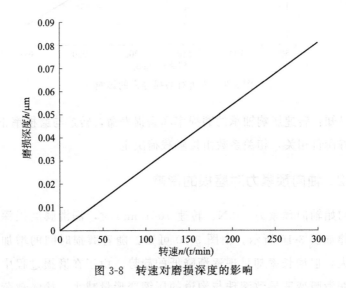

图 3-8 转速对磨损深度的影响

转速升高，滚珠对内外圈沟道的冲击能量增加，且在相同时间内与同一接触区域的接触频率增加，因此润滑膜的磨损率加大，磨损深度也随之升高。在中低速下，轴承的陀螺力矩引起滚珠的滑动可以忽略不计。由轴承运动学可知，轴承转速对滚珠滑动速度的影响呈线性。同时由 Archard 磨损理论可知，滚珠滑动速度影响磨损率或磨损深度的规律呈线性。

图 3-9 为转速对润滑膜磨损寿命的影响。对图 3-9 进行分析可知：当轴

承转速升高时，润滑膜的磨损寿命降低，则轴承的使用寿命也随之降低。在
预紧力较大时，轴承的磨损寿命是由润滑膜磨损耗尽而导致润滑失效，进而
导致轴承寿命结束。转速影响了滚珠在沟道接触区域内的滑动速度，导致
空间轴承润滑膜的磨损率增加。因此，在磨损相同厚度的润滑膜的过程
中，转速越大，对应的时间越短，即在载荷相同的情况下，转速越大，寿
命越短。

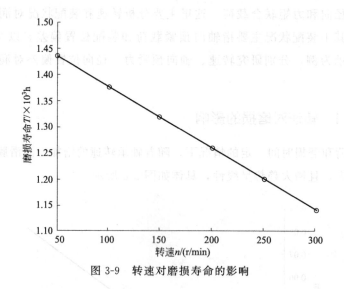

图 3-9　转速对磨损寿命的影响

由此可知：转速影响轴承的磨损率和磨损寿命，转速与磨损率正相关，转
速与磨损寿命负相关，相关系数由接触载荷决定。

3.5.2　轴向预紧力对磨损的影响

选取初始轴向预紧力 150N、转速 100r/min 时，润滑膜磨损深度随时间
变化的规律如图 3-10 所示。由图 3-10 可知：随着磨损时间的增加，磨损深
度逐渐增大，但增长率却呈现逐渐降低的趋势。由于在磨损过程中，磨损深
度增大，润滑膜变薄导致滚珠与沟道的压缩变形量减小，接触载荷变小，润
滑膜的磨损率随之降低。即随着磨损时间的增加，预紧力逐渐降低，磨损率
减小导致磨损深度增长率变缓，则虽然磨损时间增加，但磨损深度增长率
降低。

润滑膜磨损深度随预紧力的演化规律如图 3-11 所示。在相同转速下，随
着预紧力增大，滚珠与沟道间的接触载荷增加，导致磨损率增大。因此，在相
同的磨损时间内，润滑膜的磨损深度与预紧力正相关。磨损深度增大率随预紧

力的增大而呈现减缓趋势，这是由于预紧力增加，接触椭圆增大，但变形增大趋势降低，相同微区域内的接触压力增加趋势变缓。

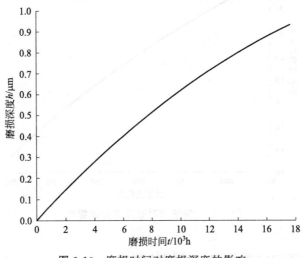

图 3-10　磨损时间对磨损深度的影响

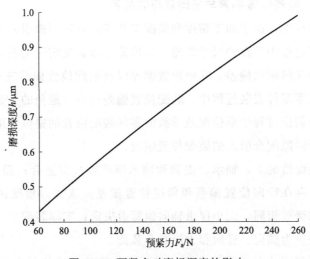

图 3-11　预紧力对磨损深度的影响

图 3-12 为不同预紧力作用下空间轴承固体润滑膜的磨损寿命。分析图 3-12 中曲线变化趋势可知：润滑膜的磨损寿命随预紧力的增加而降低。空间轴承磨损失效不仅有润滑失效，还有预紧失效。这里以润滑失效为准进行分析，磨损寿命随预紧力变化出现不同形式失效的变化规律将在第 6 章考虑。

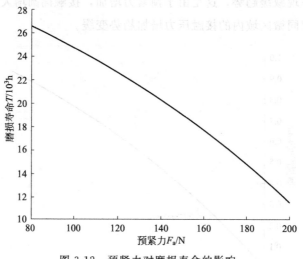

图 3-12　预紧力对磨损寿命的影响

3.5.3　径向位置偏差对磨损的影响

3.5.3.1　径向位置偏差与径向载荷的关系

在装配过程中，由于加工精度和装配工艺等因素都可能引入装配偏差。考虑到影响装配过程中存在的尺寸偏差、形位偏差和装夹定位偏差，因此可将装配偏差源分为几何形状偏差、几何位置偏差以及装配位置偏差三类[156]。由此可知，在机械零部件安装过程中，装配位置偏差是不可避免的。装配位置偏差主要是由于在装配过程中形位偏差导致的零件装配位置的错位，形成径向位置偏差，也包括间隙配合引入的装配位置偏差。

在理想装配情况下，轴承、主轴和轴承座的轴线应重合；而实际装配中，轴线不重合，存在径向位置偏差和角度位置偏差。从受力角度讲，理想装配时，每个滚珠受载相同，大小仅由轴向预紧力决定；实际装配中，滚珠受载不相同，载荷性质为轴向、径向和力矩联合载荷。

装配偏差源引入径向位置偏差，导致内外圈的轴线位置发生错位，二者在径向方向的偏差为 δ_r，如图 3-13(a) 所示；径向位置偏差造成滚珠在不同角位置与内外圈的接触载荷不同，载荷分布如图 3-13(b) 所示。实际装配时，径向位置偏差使轴承的受力状态变为联合载荷作用，即同时受到轴向载荷和径向载荷。装配位置偏差引起沟道接触区域的接触载荷大小不一，进而在磨损中磨损率也不相同。因此，分析滚珠受载是研究轴承各角位置磨损的基础。

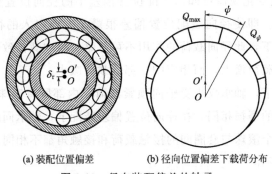

(a) 装配位置偏差   (b) 径向位置偏差下载荷分布

图 3-13　径向装配偏差的轴承

依据由式(3-38)~式(3-40) 组成的轴承静力平衡方程组，在已知初始装配预紧力 F_a、径向位置偏差 δ_r 和角度位置偏差 θ 的前提下，将轴承的轴向变形量 δ_a、径向载荷 F_r 和倾覆力矩 M_ψ 作为未知量，利用 New-Raphson 法迭代求解。一旦获得轴向变形量、径向载荷和倾覆力矩的值，就可知装配位置偏差中的径向位置偏差和角度位置偏差对引入载荷的影响，并可确定滚珠受载及载荷分布情况。

由此可知：与理想装配相比，装配位置偏差引入了径向载荷和倾覆力矩。对于实际装配中的轴承，相当在初始状态下已经同时对轴承施加了轴向载荷、径向载荷和力矩载荷，轴承承受的是联合载荷。滚珠的受载状况随装配位置偏差的变化而产生相应的变化。

在角度位置偏差微小时，其引入的径向载荷和倾覆力矩可忽略，因此可假定微小的角度位置偏差为零。在径向位置偏差的作用下，轴承内将产生径向载荷，依据静力平衡可得到径向位置偏差和径向载荷的关系，如图 3-14 所示。

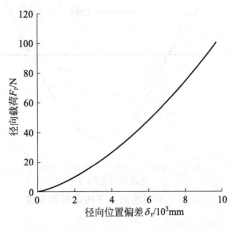

图 3-14　径向位置偏差与径向载荷的关系

由图 3-14 中曲线变化规律可知：装配位置偏差中的径向位置偏差越大，引入的径向载荷越大。即使径向装配位置偏差很微小，但引入的径向载荷却很显著。在轻载状况下，此径向载荷的作用不可忽略。径向载荷致使内部载荷分布不均，部分滚珠载荷增大，而相应的一部分载荷减小。

在理想装配下，轴承仅承受轴向预紧载荷，内部所有滚珠受力情况相同，沟道不同角位置的磨损相同。在径向位置偏差装配下，轴承同时承受轴向载荷和径向载荷，每个滚珠与套圈间的接触载荷和接触角都不相同，沟道不同角位置处的磨损也将不同。

3.5.3.2 沟道磨损分析

轴承承受的载荷，按照载荷随时间变化的性质可分为静载荷、旋转载荷和冲击载荷[157]。静载荷和旋转载荷是相对套圈而言的。以润滑膜磨损作为研究对象，分别分析径向位置偏差和磨损时间对润滑膜磨损的影响，探究导致此现象的磨损规律。

径向载荷是由装配中的径向位置偏差造成的，且径向位置偏差与径向载荷一一对应。在联合载荷作用下，研究径向载荷对润滑膜磨损的影响。根据轴承静力学获得各个角位置的接触角和接触载荷；考虑在运转周期内滚珠与沟道同一位置磨损的次数；在相同轴向载荷、相同磨损时间下，基于轴承静力学和Archard 磨损模型，获得不同径向载荷对沟道不同角位置磨损的影响，具体结果如图 3-15 所示。

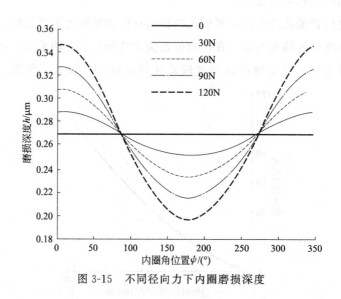

图 3-15　不同径向力下内圈磨损深度

由图 3-15 中内圈各角位置的磨损演化规律可知：在径向载荷为 0N 时，即轴承仅承受轴向预紧载荷，沟道各个角位置的磨损相同；在径向载荷分别为30N、60N、90N 和 120N 时，内圈沟道磨损不均匀，且磨损趋势相同。与径向载荷方向相同的位置磨损最严重，相反方向磨损较轻，角位置从 $0°\sim180°$ 中磨损逐渐减缓，角位置从 $180°\sim360°$ 中磨损有逐渐加重的现象，而在径向载荷方向两侧对称位置的磨损相同。对比不同径向载荷对沟道磨损的作用结果可知，径向载荷越大，轴承内圈的磨损的差异越明显。在接触应力变大的角位置处，径向载荷越大，磨损深度越大；在接触应力减小的角位置处，径向载荷越大，磨损深度越小。在相同角位置处，相同径向载荷的增长量引起的磨损深度增加量近似相等。

进一步分析可知，随着内圈沟道磨损不均匀程度加剧，导致最大磨损深度与最小磨损深度之间的差值增大，进一步引起内外圈间出现偏转角，最终导致轴承在运转过程中振动逐渐加剧以及运转精度降低。由此可知，径向位置偏差越大，轴承越容易出现失效。

径向载荷导致磨损不均，为分析径向载荷在不同时间内润滑膜磨损深度的影响，分别研究了 300h、600h、900h、1200h 和 1500h 的磨损深度。内圈不同角位置的润滑膜磨损深度随时间的演化趋势如图 3-16 所示。由图 3-16 可知：随着磨损时间的增加，各个角位置的磨损深度均增加，但磨损深度差距越来越大。在磨损过程中，随着磨损时间的延长而相同磨损时间内磨损深度增长率逐渐变大。说明了相同时间内磨损深度不同，而随时间的推移同一位置的磨损深度在单位时间内变化越来越大。

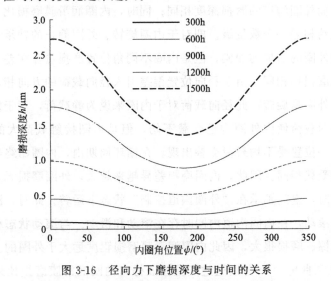

图 3-16 径向力下磨损深度与时间的关系

图 3-17 为不同径向载荷下外圈沟道的磨损规律。由图 3-17 可知：无论轴

承仅受轴向预紧载荷，还是同时承受轴向预紧载荷和径向载荷，外圈各个角位置的润滑膜磨损量相等。当径向载荷增加时，磨损深度也随之增加；但是当径向载荷成倍增加时，润滑膜的磨损深度增加率却呈现降低趋势。这是因为接触载荷由轴向预紧载荷和径向载荷联合载荷决定，径向载荷增加使接触载荷增大了，但是二者不是线性关系。也就是径向位置偏差影响轴承外圈的磨损量，同时对各个位置的影响相同。

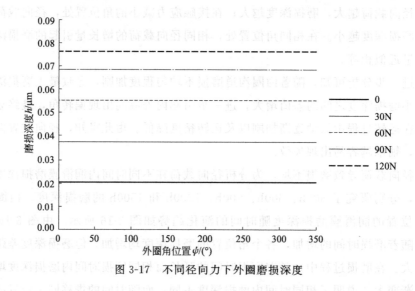

图 3-17　不同径向力下外圈磨损深度

对比图 3-15 和图 3-17 可知：在径向位置偏差作用下，内圈沟道磨损深度存在差异，而外圈沟道的磨损深度相同；同时，内圈润滑膜磨损比外圈严重很多，二者大约相差一个数量级。即对于内圈旋转、外圈静止的轴承，径向位置偏差引起内外圈的磨损均加剧，但是内圈不同角位置磨损量存在差异，外圈不同角位置的磨损均相同。由于径向位置偏差引入径向载荷的方向相对于内圈静止、相对于外圈是旋转；此径向载荷对于内圈来说为静载荷，对于外圈而言为动载荷。径向载荷使内外圈沟道受载不均，但是内圈接触载荷大的位置始终大，外圈同一位置受不均载荷交替出现。在循环周期内，内圈始终载荷分布不均，而外圈受载相同。因此，内圈磨损差异越来越大，外圈磨损无差异。当轻载低速运转时，空间轴承在"外圈沟道控制"状态下运转。此时，滚珠在外圈沟道内仅有滚动，在内圈沟道内同时存在滚动和滑动。与滚动状态相比，滑动状态下的摩擦、磨损很大，因此内圈润滑膜磨损程度远大于外圈的。同时，闻凌峰[158] 和刘良勇[159] 分别通过实验验证得出内圈润滑膜磨损比外圈润滑膜磨损严重很多，这也验证了本章理论分析的正确性。

3.5.3.3　内圈磨损差异分析

对内圈磨损差异进行分析，在不同角位置滚珠与沟道接触差异主要是接触角和接触载荷。即影响磨损深度差异的因素为接触角和接触载荷。考虑到接触角影响磨损面积 S_i、滑动速度 v 和接触载荷 F，接触载荷决定磨损率。

研究套圈沟道的磨损时，需要分析各个角位置的法向接触载荷。图 3-18 为套圈不同角位置处的法向接触载荷。由图 3-18 可知：与径向载荷方向相同的角位置处的接触载荷最大，方向相反的位置处的接触载荷最小，中间的载荷呈现递变的趋势，而且两侧的载荷对称。轴承各个角位置的法向应力最大与最小的接触应力差距较大，有的位置之间差值接近一倍。

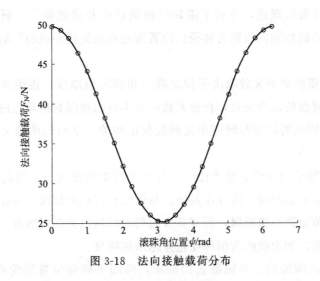

图 3-18　法向接触载荷分布

图 3-19 为径向位置偏差下不同角位置的接触角。由图 3-18 可知，最大接

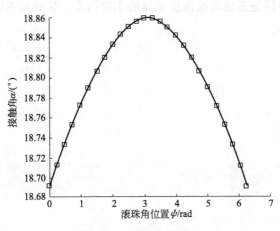

图 3-19　内圈接触角变化

触角和最小接触角之间的差距很微小，由接触角对磨损面积、滑动速度和接触载荷的影响很微小。

由图 3-18 和图 3-19 可知，径向位置偏差对不同角位置接触载荷的影响较大，对接触角的影响较小。接触角的变化并不是造成磨损深度差异的决定因素，接触载荷的变化是影响不同角位置磨损深度差异的主要因素。

3.6 小结

本章主要考虑空间轴承固体润滑膜的磨损，基于滚动轴承的运动学、静力学和 Archard 磨损理论，分析了滚珠的滑动速度和接触载荷，研究了轴承转速、装配中的初始轴向预紧力和径向位置偏差对润滑膜磨损的影响。得到如下的结论：

① 润滑膜的磨损失效取决于预紧载荷和润滑膜厚度，在预紧载荷较大时出现润滑膜磨漏的润滑失效，在预紧载荷较小时出现因磨损导致的预紧失效。

② 润滑膜的磨损率与转速和接触载荷正相关，空间轴承的失效寿命与转速和接触载荷负相关。

③ 空间轴承润滑膜磨损受径向位置偏差的影响很明显，引起内圈沟道各个角位置的润滑膜磨损深度存在差异。与仅受轴向载荷相比，与径向位置偏差方向相背的角位置磨损减缓，而与其方向相向的角位置磨损加重。同时，随着磨损时间延长，润滑膜的磨损深度差异越来越明显。

④ 对于内圈旋转、外圈静止的轴承，内圈不同角位置的受载始终不等，润滑膜磨损深度存在差异；外圈不同角位置的受载相同，润滑膜磨损深度相同。载荷分布不同是造成磨损深度差异的主要因素，接触角不同对磨损深度差异影响相对较小。

第4章

空间轴承间隙演化规律

4.1 引言

对于轴承而言，间隙作为轴承一个重要的质量指标，它不仅影响轴承基本额定动载荷[160]、载荷分布[161] 和寿命[162]，而且影响机构的振动[163] 和动力学性能[164]。空间服役的空间轴承间隙不仅受到交变温度极端环境的作用，还受到装配、温度、载荷和磨损的影响。对轴承性能有重要影响的轴承间隙，将随着轴承内外圈配合、轴承温差、轴承载荷和磨损等发生变化。为提高轴承的性能及其可靠性，需分析这些因素对轴承间隙的影响，揭示空间轴承间隙的演化规律。因此，建立轴承间隙和影响因素之间的关系，为轴承可靠工作提供技术保障，并对评估轴承性能和预测使用寿命具有一定的实际意义。

本章重点研究影响因素作用于轴承间隙及其演化规律，首先基于弹性力学研究装配中过盈量对轴承间隙的影响；根据热变形研究轴承装配状况的变化，探究轴承间隙的演化；依据载荷与变形之间的相应关系，揭示轴承间隙随工作载荷变化的规律；在第3章研究得到沟道磨损量的前提下，依据磨损量计算空间轴承结构参数变化量，确定磨损后轴承间隙。

4.2 空间轴承基础知识

4.2.1 空间轴承间隙

　　轴承间隙，在工程中被命名为游隙，是滚动球轴承设计的重要参数之一。在初始状态下，滚动球轴承内部存在间隙，即一个套圈可以相对另一个套圈发生移动或转动。按照轴承工况而讲，轴承游隙又可分为理论游隙、装配游隙和工作游隙。在研究空间轴承的失效机理和寿命等性能中，引入径向间隙和轴向间隙的概念，其定义如图 4-1 所示。设内圈沟道半径为 r_i，外圈沟道半径为 r_o，滚珠直径为 D_w。令内、外圈沟道曲率中心间的距离为 BD_w，则 $BD_w = r_i + r_o - D_w$。径向间隙和轴向间隙可分别用 u_r 和 u_a 表示，二者的表达式分别为

$$u_r = 2(1 - \cos\alpha_0)BD_w \tag{4-1}$$

$$u_a = 2\sin\alpha_0 BD_w \tag{4-2}$$

式中　α_0——初始接触角；

　　　u_r——径向间隙；

　　　u_a——轴向间隙；

　　BD_w——曲率中心距离。

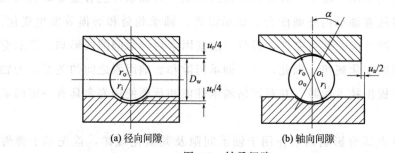

(a) 径向间隙　　　　　　　　(b) 轴向间隙

图 4-1　轴承间隙

　　联立式(4-1) 和式(4-2) 可知，轴承轴向间隙与径向间隙的关系为

$$u_r^2 + u_a^2 - 4BD_w u_r = 0 \tag{4-3}$$

　　通过分析径向间隙和轴向间隙的关系，为之后研究中得知空间轴承的其一间隙求解另一间隙提供理论基础。可依此分析轴承受载变形，由轴向变形分析轴承的工作间隙。

4.2.2　空间轴承刚度计算

轴承刚度是动力学性能的重要指标，其大小与载荷和轴承结构参数及其材料参数有关。本节依据赫兹接触理论，滚珠分别与内外圈沟道接触形成接触面，在接触区域内发生了接触变形。接触变形有塑性变形和弹性变形两种，本节主要在弹性变形范围内研究轴承刚度。依据赫兹接触理论，滚珠与沟道的接触区域为椭圆。在载荷作用下，滚珠与沟道之间发生接触变形，其中接触椭圆的长半轴、短半轴、接触变形等参数的表达式为[165]：

$$a = a^* \left[\frac{3Q}{E \sum \rho} \right]^{2/3} \tag{4-4}$$

$$b = b^* \left[\frac{3Q}{E \sum \rho} \right]^{2/3} \tag{4-5}$$

$$\delta = \delta^* \left[\frac{3Q}{E \sum \rho} \right]^{2/3} \frac{\sum \rho}{2} \tag{4-6}$$

其中式(4-4)～式(4-6) 中的弹性模量 E 为

$$E = \frac{1 - v_1^2}{E_1} + \frac{1 - v_2^2}{E_2}$$

式中　a^*——接触椭圆长半轴常数；

　　　b^*——接触椭圆短半轴常数；

　　　δ^*——接触变形常数；

　　　δ——接触变形；

　　　Q——接触载荷；

　　　$\sum \rho$——两接触体接触点的曲率和；

　　　v_i——接触材料的泊松比；

　　　E_i——接触材料的弹性模量。

依据刚度的定义，刚度为每增加一定量载荷而轴承内外圈发生相应的位移变形量，即载荷增量与位移变形量增量之比。

$$K = \frac{\mathrm{d}Q}{\mathrm{d}\delta} \tag{4-7}$$

选取轴承中的任意一个滚珠 L，将式(4-6) 代入式(4-7) 可得其轴向刚度为

$$K_L = (\delta^*)^{-1} \frac{2}{\sum \rho} \left[\frac{3}{E \sum \rho} \right]^{-2/3} Q^{1/3} \tag{4-8}$$

轴承整体刚度为所有滚珠刚度的串联关系，其表达式为

$$K = 2 \sum_{L=1}^{Z} \frac{K_L^i K_L^o}{K_L^i + K_L^o} \sin^2 \alpha \tag{4-9}$$

由式(4-8)和式(4-9)联立可得轴承整体刚度为

$$K = 4(\delta^*)^{-1} \left(\frac{E}{3}\right)^{2/3} Q^{1/3} \sum_{L=1}^{Z} \frac{\sin^2 \alpha}{(\Sigma \rho_L^i)^{1/3} + (\Sigma \rho_L^o)^{1/3}} \tag{4-10}$$

4.3　装配对间隙的影响

在空间轴承安装时，内圈与主轴或外圈与轴承座间的配合方式通常为过盈配合，其内圈与主轴间的过盈量引起内圈外径微小膨胀，其外圈与轴承座之间的过盈量导致外圈内径发生微小收缩现象。在内圈外径增大、外圈内径减小的情况下，二者共同引起轴承的径向间隙减小。在实际装配中，过盈量过大可能导致径向间隙变为负游隙或过盈，从而影响空间轴承正常运转。

4.3.1　圆环变形分析

在分析过盈量对轴承间隙的影响时，设内、外圈为薄壁圆环，应用弹性薄壁圆环理论分析薄壁圆环任意位置的变形，设其内、外表面都受到压力作用，如图4-2所示。在内、外表面压力分别为 p_i 和 p_o 的作用下，薄壁圆环内任意径向位置 R 处的径向变形量 u[166] 为

$$u = \frac{R}{E} \left\{ p_i \left[\frac{\left(\frac{R_o}{R}\right)^2 + 1}{\left(\frac{R_o}{R_i}\right)^2 - 1} + \nu \frac{\left(\frac{R_o}{R}\right)^2 - 1}{\left(\frac{R_o}{R_i}\right)^2 - 1} \right] + p_o \left[\frac{\left(\frac{R_i}{R}\right)^2 + 1}{\left(\frac{R_i}{R_o}\right)^2 - 1} + \nu \frac{\left(\frac{R_i}{R}\right)^2 - 1}{\left(\frac{R_i}{R_o}\right)^2 - 1} \right] \right\}$$

$$\tag{4-11}$$

式中　R——圆环径向任意位置的半径；

R_i——圆环内径；

R_o——圆环外径。

轴承装配，实际是将内圈装配于主轴上、外圈装配于轴承座内。在分析装配对内外圈沟道直径的影响时，内圈与主轴、外圈与轴承座均可以看作一个圆环安装于另一圆环上，其中主轴分别是实心的或空心的圆环。设圆环1安装于圆环2上，二者之间的配合关系为过盈配合，此过盈量在两圆环间产生公共压力 p，而过盈量为公共压力 p 引起的径向位移之和，如图4-3所示。令 E_1 和

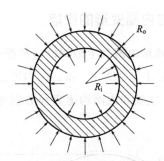

图 4-2　内、外表面均受压力的薄壁圆环

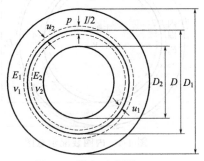

图 4-3　装配示意图

ν_1 分别为圆环 1 的弹性模量和泊松比，E_2 和 ν_2 分别为圆环 2 的弹性模量和泊松比。由图 4-3 可知，过盈量 I 引起圆环 1 和 2 的变形量分别为 u_1 和 u_2，由变形协调关系可得：

$$I = 2(u_1 + u_2) \tag{4-12}$$

将式（4-11）代入式（4-12）中可得，在圆环 1 和圆环 2 的公称直径为 D 时，二者之间的过盈量 I 为

$$I = pD \left\{ \frac{1}{E_1} \left[\frac{\left(\dfrac{D_1}{D}\right)^2 + 1}{\left(\dfrac{D_1}{D}\right)^2 - 1} + \nu_1 \right] + \frac{1}{E_1} \left[\frac{\left(\dfrac{D}{D_2}\right)^2 + 1}{\left(\dfrac{D}{D_2}\right)^2 - 1} - \nu_2 \right] \right\} \tag{4-13}$$

在实际装配中，过盈量 I 为已知的。但是，在分析装配中的过盈量引起圆环径向变形量中应用的是装配应力。由式（4-13）可知，过盈量 I 产生的装配应力 p 为

$$p = \frac{I}{\dfrac{D}{E_1} \left[\dfrac{D_1^2 + D^2}{D_1^2 - D^2} + \nu_1 \right] + \dfrac{D}{E_2} \left[\dfrac{D^2 + D_2^2}{D^2 - D_2^2} - \nu_2 \right]} \tag{4-14}$$

4.3.2　过盈配合对内圈变形的影响

在精密轴系中，空间轴承内圈与主轴间以过盈配合方式装配，其过盈量为 I_i，主轴的弹性模量和泊松比分别为 E_s 和 ν_s，内圈过盈量为 I_o，其弹性模量和泊松比分别为 E_b 和 ν_b；主轴和内圈沟道直径分别为 D_s 和 d_i，具体如图 4-4 所示。

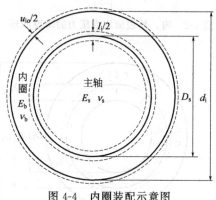

图 4-4　内圈装配示意图

依据式(4-11) 可知，在过盈量的作用下，空间轴承内圈沟道直径的径向变形量为

$$u_{io} = \frac{R_i r_i I_i}{(r_i^2 - R_i^2)\left[\left(\dfrac{r_i^2 + R_i^2}{r_i^2 - R_i^2} + \nu_b\right) + \dfrac{E_b}{E_s}(1 - \nu_s)\right]} \tag{4-15}$$

式中　u_{io}——内圈沟道直径的径向变形量；

　　　r_i——内圈外径；

　　　R_i——内圈沟道半径。

4.3.3　过盈配合对外圈变形的影响

空间轴承外圈与轴承座以过渡配合或小过盈配合方式装配，其过盈量为 I_o，轴承座的弹性模量和泊松比分别为 E_h 和 ν_h；轴承座外径为 D_h，外圈内沟道直径为 d_o，外圈与轴承座的公称直径为 D_o，具体如图 4-5 所示。

同理，依据式(4-11) 可知，在过盈量的作用下，空间轴承外圈沟道直径的径向变形量为

$$u_{oi} = \frac{R_o r_o I_o}{(R_o^2 - r_o^2)\left[\dfrac{E_h}{E_b}\left(\dfrac{R_h^2 + r_h^2}{R_h^2 - r_h^2} + \nu_h\right) + \left(\dfrac{R_o^2 + r_o^2}{R_o^2 - r_o^2} - \nu_b\right)\right]} \tag{4-16}$$

式中　u_{oi}——外圈沟道直径的径向变形量；

　　　R_o——外圈沟道半径；

　　　r_o——外圈外半径；

　　　R_h——轴承座外表面半径；

　　　r_h——轴承座内表面半径。

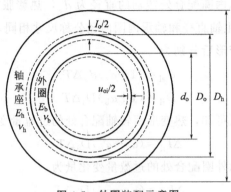

图 4-5　外圈装配示意图

4.3.4　过盈配合对间隙的影响

空间轴承装配后，在内、外圈过盈量的作用下，内圈沟道发生膨胀，外圈沟道产生收缩。由上文分析可知，内圈沟道膨胀量为 u_{io}，外圈沟道收缩量为 u_{oi}。因此，在过盈量的作用下，轴承径向间隙变化量为

$$\Delta u_r = u_{oi} + u_{io} \tag{4-17}$$

4.4　温度对间隙的影响

热变形是温度变化时的热效应现象，对于空间轴承中的滚珠与内、外圈的几何尺寸，温度变化将引起其尺寸的相应变化。本书将轴承零件分别视为等温体和非等温体两种工况，分析温度对空间轴承间隙的影响，探究间隙随其变化的规律。

4.4.1　等温时温度对间隙的影响

在轻载状况运转时，空间轴承内部摩擦热较小，其影响内部温度分布可忽略不计。因此，空间轴承内部任意位置的温度都相同，即空间轴承零件为等温体，温度变化主要由交变温度决定。依据热变形理论，热变形后空间轴承的滚

珠直径变为

$$D_{\mathrm{bI}} = (1+\alpha_{\mathrm{b}})D_{\mathrm{b}}\Delta T \qquad (4\text{-}18)$$

空间轴承的内、外圈沟道半径分别变为

$$r_{\mathrm{iI}} = (1+\alpha_{\mathrm{b}})r_{\mathrm{i}}\Delta T \qquad (4\text{-}19)$$

$$r_{\mathrm{oI}} = (1+\alpha_{\mathrm{b}})r_{\mathrm{o}}\Delta T \qquad (4\text{-}20)$$

主轴与空间轴承内圈配合处转轴的直径为 d_{s}，热膨胀系数为 α_{s}，轴承内圈内径为 D_{i}，其中主轴直径和轴承内圈内径公称尺寸相同，即 $d_{\mathrm{s}} = D_{\mathrm{i}}$。主轴直径与内圈内径热变形后分别为

$$d_{\mathrm{sI}} = (1+\alpha_{\mathrm{s}})d_{\mathrm{s}}\Delta T \qquad (4\text{-}21)$$

$$D_{\mathrm{iI}} = (1+\alpha_{\mathrm{b}})D_{\mathrm{i}}\Delta T \qquad (4\text{-}22)$$

由变形协调关系可知，热变形后转轴配合处的过盈量变化量为

$$\Delta I_{\mathrm{iI}} = (\alpha_{\mathrm{s}}-\alpha_{\mathrm{b}})D_{\mathrm{i}}\Delta T \qquad (4\text{-}23)$$

同理可知，轴承外圈配合处的过盈量变化量为

$$\Delta I_{\mathrm{oI}} = (\alpha_{\mathrm{b}}-\alpha_{\mathrm{h}})D_{\mathrm{o}}\Delta T \qquad (4\text{-}24)$$

交变温度影响空间轴承间隙，改变了空间轴承的初始间隙，同时通过影响轴承配合方式改变轴承的间隙。其中，依据式(4-1)、式(4-18)～式(4-20) 联立可知，热变形后空间轴承的初始间隙为

$$u_{\mathrm{rI}} = (1+\alpha_{\mathrm{b}})u_{\mathrm{r}}\Delta T \qquad (4\text{-}25)$$

依据式(4-23) 和式(4-24) 可求得热变形后轴承的过盈量 I_{iL} 和 I_{oL}，再将其代入式(4-15) 和式(4-16) 可得到过盈配合量变化将引起内、外圈沟道变化量分别为 Δu_{io} 和 Δu_{oi}。由此可得，交变温度下装配后等温轴承径向间隙为

$$u_{\mathrm{rI}} = u_{\mathrm{r1}} - \Delta u_{\mathrm{io}} - \Delta u_{\mathrm{oi}} \qquad (4\text{-}26)$$

4.4.2　非等温时温度对间隙的影响

在重载状况运转时，空间轴承摩擦热较大，摩擦热将影响轴承空间内部温度分布，轴承零件为非等温体。由第 2 章分析可知，空间轴承滚珠与内、外圈接触区域的温度较高，温度以接触区域为中心呈扇形向外扩散分布；内圈的最高温度比外圈的最高温度高。但是，摩擦热仅影响温度场分布，而交变温度影响空间轴承整体的温度，但不影响空间轴承的温度分布。空间轴承从静止到高速状态时，轴承内、外圈的温度变化不同，因此热变形也不相同。这里设轴承内圈沟道温升为 T_1，内圈内径配合处温升为 T_2，由于摩擦热从沟道接触处向内圈内径散热，则 $T_1 > T_2$。由于内圈为薄壁圆环，且径向传热为一维传热，则内圈内任意位置的 r 处的温升为

$$T = T_1 + \frac{T_2 - T_1}{\ln(r_i - R_i)} \ln(r_i/r) \tag{4-27}$$

式中　r_i——内圈沟道半径；

　　　R_i——内圈内径。

依据文献 [167]，温度变化对套圈任意位置径向变形的影响，则空间轴承内圈外沟道的径向变形量为

$$\Delta u_i = \frac{\alpha_b r_i (T_2 R_i^2 - T_1 r_i^2)}{R_i^2 - r_i^2} + \frac{\alpha_b (T_2 - T_1) r_i}{2\ln(r_i/R_i)} \tag{4-28}$$

同理可知，设轴承内圈沟道温升为 T_3，内圈内径配合处温升为 T_4，由于摩擦热从沟道接触处向内圈内径散热，则 $T_3 > T_4$。温度变化引起空间轴承外圈内沟道的径向的热变形量为

$$\Delta u_o = \frac{\alpha_b r_o (T_4 r_o^2 - T_3 R_o^2)}{r_o^2 - R_o^2} + \frac{\alpha_b (T_4 - T_3) R_o}{2\ln(R_o/r_o)} \tag{4-29}$$

式中　r_o——外圈沟道半径；

　　　R_o——外圈外径。

设滚珠与内圈接触处的温升为 T_3，与外圈接触处的温升为 T_1，则滚珠的直径变化量为

$$\Delta D_{bN} = \alpha_b D_b \frac{T_1 + T_3}{2} \tag{4-30}$$

依据式(4-1)、式(4-27)、式(4-28) 和式(4-30) 联立可知，温度变化后非等温空间轴承的初始间隙变为

$$u_{r2} = u_r - \Delta u_i - \Delta u_o - \Delta D_{bN} \tag{4-31}$$

内、外圈温度变化时，轴承配合处的过盈量分别变为 I_{iN} 和 I_{oN}。过盈配合量变化将引起轴承内、外圈沟道变化量分别为 Δu_{iN} 和 Δu_{oN}。

由此可得，交变温度下装配后非等温轴承径向间隙为

$$u_{rN} = u_{r2} - \Delta u_{iN} - \Delta u_{oN} \tag{4-32}$$

4.5　预紧力对间隙的影响

在空间环境中，由于微重力作用，精密轴系中的角接触球轴承主要承受轴向预紧力。在仅承受轴向载荷时，轴承内部滚珠受载荷相同，且运动规律相同，此时轴承的性能较佳。在轴向预紧后，内外圈产生相对轴向位移，此时轴承的径向间隙也随工作载荷变化。因此，本小节主要分析预紧力对空间轴承径

向间隙的影响规律。

4.5.1 基于赫兹理论分析预紧力与间隙的关系

对于精密轴系一般都需要施加一定量的预紧力，以保证轴系内的空间轴承的刚度和旋转精度。在装配过程中对角接触轴承施加预紧力，使滚珠与内外圈间保持一定的初始压力和弹性变形，弹性变形量即为预紧量。预紧后，预紧力使内外圈沿轴向方向产生相对移动，轴承内部变形示意图如图 4-6 所示。

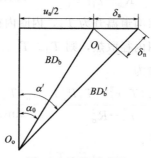

图 4-6　变形示意图

在预紧力作用下，滚柱与内外圈接触方向产生法向变形量 δ_n。由图 4-6 变形可知，法向变形量为

$$\delta_n = BD_b \left(\frac{\cos\alpha_0}{\cos\alpha} - 1 \right) \tag{4-33}$$

轴向变形量 δ_a 与法向变形量 δ_n 满足一定的几何关系，二者的关系为

$$\delta_a = (BD_b + \delta_n)\sin\alpha - BD_b \sin\alpha_0 \tag{4-34}$$

在轴向预紧力作用下，其载荷由所有的滚珠承受且大小相同。依据赫兹接触理论和轴向变形-径向变形的关系可知，预紧力与接触角的关系为

$$\frac{F_a}{ZK_n(BD_b)^{3/2}} = \sin\alpha \left(\frac{\cos\alpha_0}{\cos\alpha} - 1 \right)^{3/2} \tag{4-35}$$

式中　K_n——载荷-位移系数；

F_a——轴向预紧力；

α——接触角。

由式(4-33)～式(4-35)联立求得轴向变形量 δ_a。由于前文提到轴向变形与径向间隙满足一定的关系，现将轴向变形量 δ_a 代入式(4-3)可得二者的关系为

$$\left(\frac{u_{a1}}{2} + \delta_a \right)^2 + \left(BD_b - \frac{u'_r}{2} \right)^2 = (BD_b + \delta_n)^2 \tag{4-36}$$

4.5.2　基于有限元研究预紧力下的间隙

应用有限元研究径向间隙时，首先假设：①滚珠与内、外圈沟道分别相互接触，在接触区域滚珠不发生相对刚体运动；②接触区域中的节点满足力平衡条件及几何变形协调关系。由于角接触轴承是以中心轴线为轴的对称结构，因此先通过分析求解含单个滚珠的角接触轴承扇区单元，再将此基本扇区单元的解扩展，构造角接触轴承的整体解。其中建立一个滚珠的局部模型，如图 4-7 所示。

在建立角接触轴承模型后，对其边界条件进行设置。根据轴承的实际状况，外圈固定于轴承座内，内圈随主轴一起转动。因此在设置时，约束外圈外表面的所有节点的自由度，同时将底部端面固定；由于内圈与主轴的装配方式为过盈配合，因此将内圈内表面设为刚性，以免在模拟过程中节点发生径向局部变形；分析的模型为轴承的局部，需在剖面位置施加对称约束；轴向预紧力加载到使轴承预紧的内圈一侧；滚珠与内、外圈沟道接触类型设置为摩擦接触。

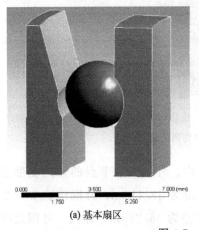
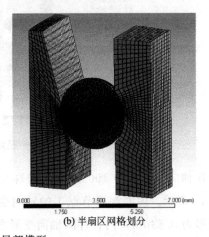

(a) 基本扇区　　　　　　　　　　(b) 半扇区网格划分

图 4-7　局部模型

在分析中，滚珠与内、外圈解除变形时，假定滚珠为变形体。图 4-8 和图 4-9 分别为轴承半扇区的轴向位移和径向位移云图。由图 4-8 可知：外圈非接触区域的节点变形很小，接近于零；内圈沿轴向变形，滚珠也相应地沿轴向变形，且滚珠靠近内圈的位移量明显大于靠近外圈部分。由图 4-9 可知：内圈沿 X 轴方向变形，在滚珠接触应力作用下内圈的直径缩减，即 Y 轴方向的径向尺寸变小；同理，外圈承受滚珠接触应力而膨胀，径向尺寸增大。

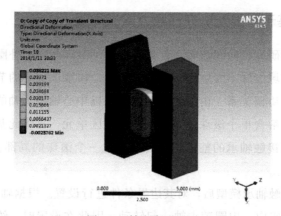

图 4-8 轴向变形云图

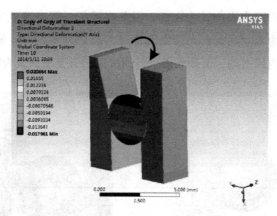

图 4-9 径向变形云图

在轴向预紧力为 1000N 时，滚珠与内、外圈接触节点的轴向变形云图如图 4-10 所示。内圈沟底节点 1 的轴向变形为 37.11μm，外圈沟底节点 2 的轴向变形为 0.83μm，内、外圈轴向变形之差为 36.28μm，即内、外圈之间的轴向相对位移增加 36.28μm。

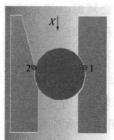

沿X轴变形：
节点1变形：37.11μm
节点2变形：0.83μm

图 4-10 节点的轴向变形云图

径向间隙变化量用轴内、外圈沟道与滚珠的径向变形量之差来表示。在预紧力为 1000N 时，滚珠与内、外圈接触节点的径向变形云图如图 4-11 所示。内圈沟底节点 3 的径向变形量为 $-3.19\mu m$，外圈沟底节点 4 的径向变形量为 $5.22\mu m$，滚珠节点 5 的径向变形量为 $1.57\mu m$，滚珠节点 6 的径向变形量为 $1.33\mu m$，径向的位移变化之差为 $8.65\mu m$，则轴承单侧的径向间隙增加了 $8.65\mu m$，轴承的径向间隙增加了 $17.3\mu m$，即径向间隙变化量为 $17.3\mu m$。

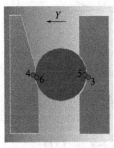

沿 Y 轴变形：
节点 3 变形：$-3.19\mu m$
节点 4 变形：$5.22\mu m$
节点 5 变形：$1.57\mu m$
节点 6 变形：$1.33\mu m$

图 4-11 节点的径向变形云图

4.6 磨损对间隙的影响

空间轴承在磨损过程中，滚珠相对沟道表面运动且相互作用，进而导致其表面材料脱落，轴承间隙将变大。这里主要分析磨损中间隙的演化，揭示间隙随磨损量和磨损时间的演化规律。在磨损研究中，分析了内、外圈沟道表面的磨损量 Δ_i 和 Δ_o，并得知磨损主要发生在内、外圈沟道接触区域，而滚珠的磨损量几乎可以忽略。

设磨损后内圈沟道半径变化量为 Δr_i，外圈沟道半径变化量为 Δr_o，其半径变化量示意图如图 4-12 所示。计算的磨损量 Δ_i 和 Δ_o 为磨损体积，依据图 4-12 将磨损体积换算成沟道半径的变化量分别为

$$\Delta r_i = \Delta_i \left[\frac{1}{2\pi a_i (d_m - D_b \cos\alpha_i)} + \frac{2}{Z\pi D_b^2} \right] \tag{4-37}$$

$$\Delta r_o = \Delta_o \left[\frac{1}{2\pi a_o (d_m - D_b \cos\alpha_o)} + \frac{2}{Z\pi D_b^2} \right] \tag{4-38}$$

磨损后轴承沟道结构参数发生了变化，在已知沟道半径变化量时，再对轴承内、外圈沟道半径曲率半径系数、接触角和曲率中心间距离进行修正，具体如式 (4-39) ~ 式 (4-42) 所示。

$$f_i' = \frac{r_i + \Delta r_i}{D_b} \tag{4-39}$$

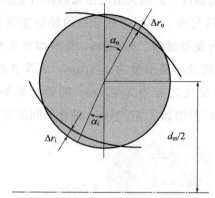

图 4-12　磨损中内、外圈半径变化量示意图

$$f'_o = \frac{r_o + \Delta r_o}{D_b} \qquad (4\text{-}40)$$

$$BD_{b1} = (f'_i + f'_o - 1)D_b \qquad (4\text{-}41)$$

$$\alpha_i = \arccos\left[1 - \frac{u_r + 2(\Delta r_i + \Delta r_o)}{2D_b(f'_i + f'_o - 1)}\right] \qquad (4\text{-}42)$$

由于滚珠与内、外圈沟道间的磨损，滚珠与内、外圈间的法向接触变形量发生了变化，则内、外圈间的轴向变形量随之改变。在低速状态下运行时，轴承内、外圈的接触角相同。依据图 4-12 可知，轴向接触变形量的变化量为

$$\Delta\delta_a = (\Delta r_i + \Delta r_o)\cos\alpha_i \qquad (4\text{-}43)$$

对于磨损后的预紧轴承，由式(4-43)可知轴承的轴向变形量变为了 δ'_a，再将 δ'_a 代入式(4-33)和式(4-34)中，可得磨损后的法向接触变形量 δ'_n。

将式(4-36)中 δ_a、δ_n 和 BD_b 分别替换为磨损后的 δ'_a、δ'_n 和 BD_{b1}，可得磨损后轴承径向间隙与变形间的关系。

$$\left(\frac{u_{a1}}{2} + \delta'_a\right)^2 + \left(BD_{b1} - \frac{u_{rw}}{2}\right)^2 = (BD_{b1} + \delta'_n)^2 \qquad (4\text{-}44)$$

上述分析根据沟道磨损体积，将其折算成沟道直径的变化量，并修正了磨损后轴承的结构参数，依据变形与径向间隙的关系可知磨损后间隙。

4.7　间隙演化规律

空间轴承在常温下装配，工作于空间环境，这里主要从装配中过盈量、预紧力、交变温度和磨损角度出发，分析轴承间隙与变形的变化规律。

图 4-13 和图 4-14 分别为装配过程中内、外圈装配区域的过盈量对径向间

隙和轴向间隙的影响。在初始装配时，内圈过盈量 I_i 在 $0\sim13.5\mu m$，外圈过盈量 I_o 在 $0\sim15.4\mu m$，与坐标轴构成的三角区域，径向间隙和轴向间隙均为正值；径向间隙与内、外圈过盈量成反比，轴向间隙与过盈量的关系为负相关；若过盈量增大，径向间隙消失，此时角接触轴承相当于深沟球轴承，且滚珠被严重压缩，极易破坏。

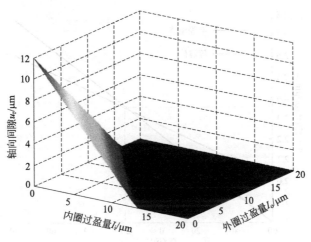

图 4-13　过盈量对径向间隙的影响

由图 4-14 可知，在径向间隙为正值时，轴向间隙也为正值，即仅靠过盈装配方式无法彻底消除轴向间隙。这就要求施加一定量的轴向预紧力消除轴向间隙，且使滚珠与内外圈接触并保持一定的初始接触压力。而在轴承装配过程中，内圈过盈量应在 $0\sim13.5\mu m$、外圈过盈量应在 $0\sim15.4\mu m$ 的三角形范围内选择，而且应留有一定的裕量，以防温度变化导致径向间隙过小或消除，空

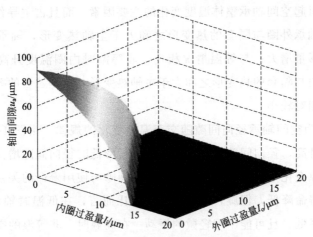

图 4-14　过盈量对轴向间隙的影响

间轴承出现"卡滞"或"卡死"故障，进而导致机构无法正常工作。

在前文分析中可知，空间轴承在低速时属于等温体；在中高速时空间轴承属于非等温体，且内圈沟道温度高于外圈沟道温度，但交变温度影响轴承整体温度。其中，装配后的空间轴承法向变形量随交变温度变化的规律如图 4-15 所示。

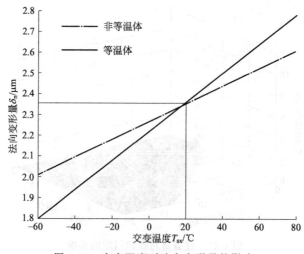

图 4-15　交变温度对法向变形量的影响

由图 4-15 曲线变化趋势可知，随着交变温度升高，不论轴承中高速运转还是低速运转，其法向变形量增大，在交变温度降低时，法向变形量减小；法向变形量在等温情况下变化量大于非等温情况。

对图 4-15 中变化规律分析可知：精密轴系中空间轴承对"背靠背"安装，交变温度是引起空间轴承整体温度变化的主要因素，而且占主导作用。交变温度升高时，轴承外圈与隔套的热变形之和大于主轴热变形，轴承被进一步压缩，法向变形量增大；与等温情况相比，非等温时内圈温度升高量大于外圈的，轴承外圈与隔套的热变形之和大于主轴热变形，但是二者的差值较小，则法向变形量相对较小。

图 4-16 为空间轴承径向间隙随交变温度变化的规律。由图 4-16 可知：随着交变温度升高，径向间隙减小，而交变温度降低时径向间隙增大；在非等温时，径向间隙变化量大于等温时。根据径向间隙与使用寿命的关系可知：在高温时，轴承寿命降低，但旋转精度提高；相比而言，在低温时轴承寿命增大，但旋转精度降低，且可能出现轻微的振动。在高温时，非等温的空间轴承径向间隙减小量大于等温的，则非等温的寿命比等温的小；同理，在低温时，非等

温的空间轴承寿命比等温的大。

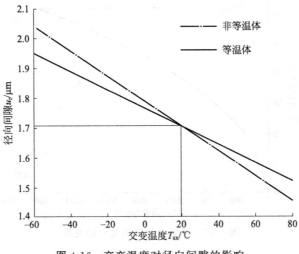

图 4-16　交变温度对径向间隙的影响

对图 4-16 中分析可知：当交变温度升高时，内圈沟道膨胀量大于外圈沟道膨胀量，径向间隙增大，交变温度引起内圈过盈量降低、外圈过盈量增大，进而导致径向间隙减小，但在内、外圈沟道热变形和过盈量变化共同作用下径向间隙减小。由此可见，内、外圈过盈量变化导致间隙减小量变化大于热变形引起间隙增加量。非等温是由于沟道摩擦热的结果，但是摩擦热引起内、外圈沟道温升大于内、外圈装配表面，则与等温相比，非等温时内圈沟道热变形大于外圈热变形，径向间隙进一步减小。

由于径向预紧无法彻底消除轴向间隙，为了提高轴承的工作精度，需施加轴向预紧力。在预紧力作用下，轴向变形随预紧力变化的规律如图 4-17 所示。在轴向预紧力许用范围内，随着预紧力的增加，轴向变形逐渐增大，但是增加趋势减缓。

分析图 4-17 的变化规律可知：在预紧力增加时，滚珠的接触载荷随之增加，由赫兹接触理论可知，接触变形也随之增大，则内、外圈的相对轴向变形增加。在预紧力增加的同时，轴承的轴向刚度逐渐增大，则增加相同的预紧力，轴向变形量增加量减小，即轴向变形量的增加速度降低。

在轴向预紧力作用下，径向间隙随预紧力变化的规律如图 4-18 所示。在轴向预紧力许用范围内，随着预紧力的增加，径向间隙逐渐增大，但是增加趋势减缓。由图 4-18 可知：预紧力增加时，内、外圈的接触载荷增加，内、外圈沟道的分别沿径向相反方向的膨胀量逐渐增大，则径向间隙增

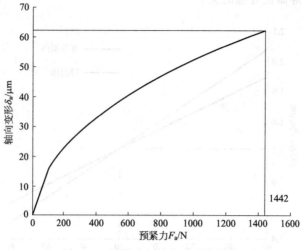

图 4-17　预紧力与轴向变形的关系

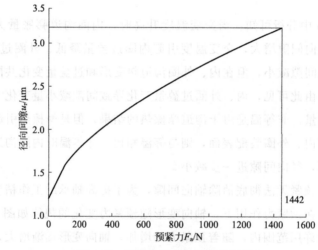

图 4-18　预紧力与径向间隙的关系

加。随着径向膨胀量增加，径向刚度逐渐增大，反而使径向膨胀量增加量逐渐降低。

　　在接触载荷的作用下，滚珠在内、外圈沟道内发生相对运动，运动中由于摩擦作用导致接触表面磨损。在沟道磨损过程中，磨损深度对轴向变形的影响规律如图 4-19 所示。由图 4-19 可知：随着磨损深度的增加，滚珠的轴向变形量减小，且减小率逐渐增大，最终轴向变形降低到零。当磨损深度达到一定量时，轴承的轴向变形量降低为 0，此时轴承预紧力丧失，轴承寿命结束，机构无法完成预定任务，机构丧失特定功能而失效。

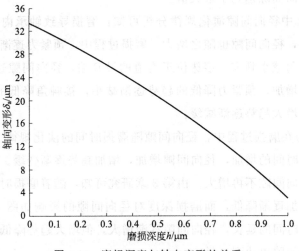

图 4-19　磨损深度与轴向变形的关系

对图 4-19 中轴向变形规律分析可知：轴承内、外圈沟道磨损深度增加，轴承的结构参数发生改变，其中沟道的曲率半径增大、接触角减小，滚珠与内、外圈的法向压缩变形量减小，由于法向变形量的减小，则轴向变形量随之减小。依据法向变形与轴向变形的关系可知：随着法向变形减小、接触角减小，轴向变形量随磨损深度增加的减小率逐渐增大。

在磨损过程中，轴承径向间隙随磨损深度的演化规律如图 4-20 所示。由图 4-20 可知：随着磨损深度的增加，轴承的径向间隙逐渐增大，而增加趋势逐渐变缓，但径向间隙趋于一个定值。当磨损深度达到一定量时，即轴向变形

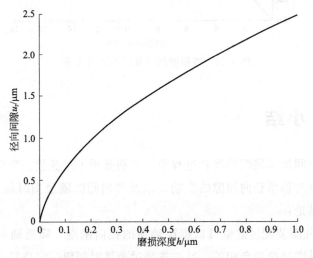

图 4-20　磨损深度与径向间隙的关系

量为 0 时，径向间隙达到了最大值。

对图 4-20 中径向间隙演化规律分析可知：磨损导致轴承内、外圈的沟道曲率半径增大，径向间隙也随之增大。磨损过程中，预紧力逐渐降低，接触角减小，当接触角减小到零，滚珠位于沟道的最底端，径向间隙达到了最大值。由于磨损深度增加，预紧力降低的趋势逐渐减小，接触角降低的趋势也减小，因此径向间隙增大趋势逐渐减缓。

图 4-21 为在磨损过程中，径向间隙随磨损时间的演化规律。由图 4-20 可知：随着磨损时间的增加，径向间隙增加，增加趋势逐渐变缓。当磨损时间达到一定值，径向间隙不再增大。由第 3 章研究可知，随着磨损时间的增加，沟道磨损深度增加逐渐降低，而磨损深度对径向间隙的影响如图 4-20 所示。因此，随着磨损时间的延长，径向间隙逐渐增大，但增大趋势降低，当轴向变形为零时，径向间隙也达到了最大。

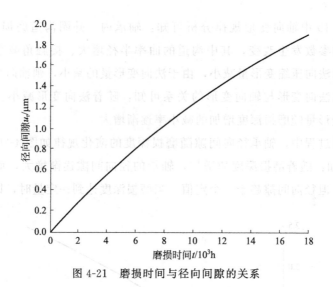

图 4-21　磨损时间与径向间隙的关系

4.8　小结

本章从空间轴承装配到运转过程中，分别分析了过盈量、交变温度、轴向预紧力和磨损对轴承径向间隙的影响，以及径向间隙随磨损时间的演化规律，并得到以下结论：

① 内、外圈装配过盈量可以提高轴承的径向刚度，降低轴向间隙。径向间隙与内、外圈过盈量负相关，且在选择过盈量时须留一定裕量。

② 在交变温度变化过程中，径向间隙与交变温度负相关。空间轴承处于等温变化时，径向间隙变化量小于非等温变化时。

③ 在预紧的过程中，轴向刚度和径向刚度随预紧力的增加而增大，且径向间隙也随之增大。

④ 在磨损过程中，沟道磨损深度导致轴向变形量减小，进而导致径向间隙随之增大；径向间隙随时间的演化规律为磨损时间增加，径向间隙增大，最终达到一个最大值。

第5章

空间轴承预紧力演化规律

5.1 引言

　　轴承预紧是通过施加预载荷使滚珠与内外圈接触并保持一定的预变形，以达到减小轴承间隙，提高轴承支承刚度、工作精度及降低运转中振动的目的。预紧力往往直接影响机构的动力学性能[168,169]、稳定性[170]、模态特性[171]、刚度[172] 及使用寿命[173]，因此预紧力的演化将导致轴承及机构性能的改变。空间轴承工作于高低温及交变、高真空等环境中，其预紧力除了受到常规因素如沟道磨损量、摩擦特性、过盈量和工作载荷的影响，还将受到交变温度的影响。

　　在精密轴系中，如果施加于轴承上的预紧力小于设计预紧力，则在工作过程中系统刚度和工作精度将无法保证，甚至可能在运转中伴随着振动现象，导致机构无法达到预期性能而造成失效；同样，如果预紧力远大于设计预紧力，摩擦力矩增大，轴承将出现"卡滞"或"卡死"等故障，且摩擦热导致温度急剧升高，降低使用寿命。因此，在航天机构及精密机械工程中，施加于轴承上的预紧力必须合适，且在工作中预紧力的变化需在适当的范围内。

　　本章在考虑轴承配合处摩擦特性的基础上，研究装配中过盈量对初始预紧力的影响及其与拧紧力矩的关系；在第3章研究得到沟道润滑膜磨损量的前提下，依据磨损量计算空间轴承结构参数变化量，确定磨损后的残余预紧力，建立磨损量影响预紧力演化的关系；基于热力学分析精密轴系组件随交变温度变化的热效应现象及交变温度引起预紧力变化的规律，揭示预紧力随交变温度变化的规律；利用滚动轴承静力学分析方法，探究预紧力随工作载荷变化的规律。

5.2 过盈量对初始预紧力的影响

为了保证轴承的刚度及运动精度，在装配过程中对轴承施加一定量的载荷使轴承预紧并承受预紧力[174]。在常规认知中，普遍认为通过锁紧螺母施加于轴承上的轴向力为预紧力，但是预紧力是使滚珠与内、外圈间保持相应预变形的压力。在不同装配状况下，产生同等大小的预变形需要的预紧力相同，但是要求加载到轴承上的轴向力相差却很大。在考虑摩擦特性的基础上，本节研究装配过程中的过盈量对初始形状的影响，探究轴承预紧力与施加于锁紧螺母上拧紧力矩的关系。

5.2.1 轴承力平衡分析

依据施加预紧力的方式，可将轴承预紧分成径向预紧和轴向预紧。通常，径向预紧是通过装配中轴承与主轴和轴承座间的过盈配合来实现，而轴向预紧是通过锁紧螺母等施加轴向力使轴承消除游隙并产生预变形。对于轴向预紧，依据预紧的方法可分为定位预紧、定压预紧和系统预紧。这里主要研究精密轴系中空间轴承的轴向定位预紧，轴承对间加装隔套，通过调整锁紧螺母使轴承对在轴向载荷作用下相互压紧并产生预变形，如图 5-1 所示。在精密轴系组件中，调整锁紧螺母与主轴的相对位置时，右侧轴承外圈与隔套、内圈与锁紧螺母，左侧轴承内圈与主轴、外圈与隔套相互压紧而实现预紧。

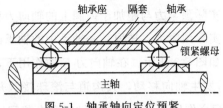

图 5-1　轴承轴向定位预紧

选取图 5-1 右侧的轴承，对其预紧过程进行分析。当调整锁紧螺母时，此锁紧螺母产生轴向力作用于轴承内圈上。在轴向力 F 的作用下，轴承内、外圈沿轴向方向产生相向移动。在内、外圈相对移动过程中，首先克服配合区域的摩擦力而达到消除轴承内部的轴向游隙 $u_a/2$ 的目的，接着滚珠与内、外圈接触并产生变形，轴向变形量为 δ_a，此时内、外圈相对轴向移动量为 $u_a/2+$ δ_a，具体如图 5-2 所示。

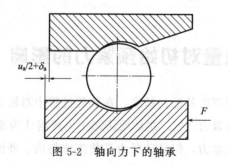

图 5-2 轴向力下的轴承

轴承预紧力和方位的调整是通过施加拧紧力矩于锁紧螺母而实现的。当拧紧力矩的大小为 T 时，将产生相应大小的轴向力 F 施加于轴承内圈。其中，拧紧力矩 T 与轴向力 F 的关系[175] 为

$$F=\frac{2T}{d_2\left[\tan(\theta+\beta)+\dfrac{2}{3}\times\dfrac{\mu(D^3-d^3)}{(D^2-d^2)d_2}\right]} \tag{5-1}$$

式中　F——轴向力；

T——拧紧力矩；

D——螺栓下底圆直径；

d——螺纹外径；

d_2——螺纹平均直径；

μ——支撑面间的摩擦系数；

θ——螺纹上升角；

β——螺纹摩擦角。

通过上述分析，实际预紧力与施加于内圈上的轴向力和内、外圈配合处的摩擦力有关。为分析实际预紧力，选取精密轴系中的轴承内、外圈和滚珠进行受力分析，具体受力如图 5-3 所示。在轴向力 F 的作用下，内圈克服配合区域的最大静摩擦力 f_i 后发生轴向移动，其沟道与滚珠接触并受到滚珠对其的接触压力 F_{Ni}；在过盈配合作用下，外圈与主轴间存在装配压力 p_i，如图 5-3(a) 所示。外圈与滚珠接触产生接触压力 F_{No}，在此接触压力 F_{No} 作用下，外圈相对轴承座移动且在接触区域受到装配压力 p_o 和最大静摩擦力 f_o，在外圈与隔套相互压缩作用时，外圈将承受隔套对其施加的轴向压力 F_s，如图 5-3(b) 所示。滚珠与内、外沟道接触且相对沟道进行旋转，接触时受到内、外圈沟

道对其施加的接触压力 F_{Ni} 和 F_{No}，旋转时受到摩擦力矩 M_i 和 M_o，如图 5-3 (c) 所示。

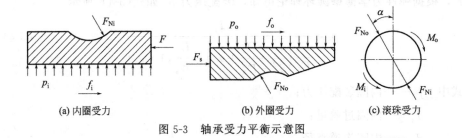

(a) 内圈受力　　　　　　(b) 外圈受力　　　　　　(c) 滚珠受力

图 5-3　轴承受力平衡示意图

对图 5-3 中内圈、外圈和滚珠进行受力分析，轴承在轴向力、摩擦力和接触压力的作用下保持平衡，依此可得轴承的受力平衡方程组为

$$\begin{cases} F = F_{Ni}\sin\alpha + f_i \\ F_s = F_{No}\sin\alpha - f_o \\ F_{Ni} = F_{No} \\ M_{Ni} = M_{No} \end{cases} \tag{5-2}$$

式中　　F_{Ni}——滚珠与内圈间的接触压力；

　　　　F_{No}——滚珠与外圈间的接触压力；

　　　　F_s——隔套施加于外圈的轴向压力；

　　　　f_i——内圈配合处的最大静摩擦力；

　　　　f_o——外圈配合处的最大静摩擦力；

　　　　M_{Ni}——滚珠与内圈的摩擦力矩；

　　　　M_{No}——滚珠与外圈的摩擦力矩；

　　　　α——接触角。

轴承的实际预紧力为对应于滚珠与内外圈间产生相应预变形的力，即滚珠作用于内圈或滚珠作用于外圈上的轴向力。或者说轴承实际预紧力是沿轴线方向的力，并使内外圈产生相应的相对移动。预紧力来源于锁紧螺母产生的轴向力，但是二者在大小上存在差异。结合图 5-3 和方程组 (5-2) 中的受力分析可知，预紧力为轴向力被内圈配合区域的摩擦力截留后的力，即为

$$F_a = F - f_i \tag{5-3}$$

式中　　F_a——预紧力。

由式(5-3) 可知，预紧力为轴向力被内圈与主轴配合区域的摩擦力截留后所剩余的力，即摩擦力对轴向力有截留作用。内外圈配合区域的摩擦力取决于

其表面的摩擦特性及装配压力，摩擦特性与材料性能和润滑有关，装配压力是在过盈量作用下产生的垂直于配合表面的压力。假设内圈与主轴间的过盈量为 I_i，根据弹性力学薄壁圆环理论可知，装配压力 p_i 如式(5-4) 所示。

$$p_i = \cfrac{I_i}{\cfrac{D_s}{E_b}\left(\cfrac{d_i^2+D_s^2}{d_i^2-D_s^2}+\nu_b\right)+\cfrac{D_s}{E_s}(1-\nu_s)} \tag{5-4}$$

式中　p_i——内圈装配压力；

I_i——内圈过盈量；

d_i——内圈沟道直径；

D_s——主轴直径；

E_b——轴承的弹性模量；

E_s——主轴的弹性模量；

ν_b——轴承的泊松比；

ν_s——主轴的泊松比。

同理可知，如果轴承外圈与轴承座间的过盈量为 I_o，则配合处的装配压力 p_o 如式(5-5) 所示。

$$p_o = \cfrac{I_o}{\cfrac{d_h}{E_h}\left(\cfrac{D_h^2+d_h^2}{D_h^2-d_h^2}+\nu_h\right)+\cfrac{d_h}{E_b}\left(\cfrac{d_h^2+D_o^2}{d_h^2-D_o^2}-\nu_b\right)} \tag{5-5}$$

式中　p_o——外圈装配压力；

I_o——外圈过盈量；

d_h——轴承座内径；

D_h——轴承座外径；

D_o——外圈内径；

E_h——轴承座弹性模量；

ν_h——轴承座泊松比。

轴承配合表面的过盈量是已知的，依据式(5-4) 和式(5-5) 可知内外圈配合区域的装配压力，这是分析摩擦力的前提。在装配过程中，内圈相对主轴和外圈相对轴承座缓慢移动时，内外圈处于平衡状态，此时摩擦力为动摩擦力。当轴承装配完成后，内圈与主轴、外圈与轴承座间的摩擦力均为静摩擦力。在计算最大静摩擦力时，可以用动摩擦力近似估算最大静摩擦力的值。由于轴承配合区域为 $\pi D_f B$，因此轴承最大静摩擦力可由下式得出：

$$f = \mu_f(\pi D_f B p + F_N \cos\alpha) \tag{5-6}$$

式中　f——最大静摩擦力；

　　　μ_f——配合处的摩擦系数；

　　　D_f——配合直径；

　　　B——轴承宽度；

　　　F_N——套圈与主轴/轴承座的法向接触压力。

　　轴承配合处的滑动临界摩擦系数不是常数，而要受到装配过盈量的影响[176]，因此需要对式(5-6)中的最大静摩擦力进行修正。在修正中，摩擦系数乘以影响因子 k 对其进行修正，则最大静摩擦力变为

$$f = k\mu_f(\pi D_f B p + F_N \cos\alpha) \tag{5-7}$$

式中　k——摩擦力修正因子。

　　在最大静摩擦力得知后，将式(5-4)和式(5-7)代入式(5-3)得轴承预紧力与过盈量和摩擦特性的关系为

$$F_p = k_0 F - k_1 I_i \tag{5-8}$$

式中　k_0——轴向力修正因子；

　　　k_1——力-过盈量系数。

　　式(5-8)中的 k_0 和 k_1 的表达式分别为

$$k_0 = \sin\alpha / (\sin\alpha + \mu_f \cos\alpha) \tag{5-9}$$

$$k_1 = \frac{\mu_f \pi D_f B}{1 + \mu_f \cot\alpha} \times \frac{1}{\dfrac{D_s}{E_b}\left(\dfrac{d_i^2 + D_s^2}{d_i^2 - D_s^2} + \nu_b\right) + \dfrac{D_s}{E_s}(1 - \nu_s)} \tag{5-10}$$

　　由式(5-9)和式(5-10)可知：k_0 仅与接触角和配合面的摩擦系数有关；k_1 是与轴承和主轴的结构、材料性能参数和配合表面摩擦特性有关的影响因子。

　　经过上边分析，预紧力与锁紧螺母施加的轴向力和内外圈配合区域的摩擦力有关。在装配过程中，施加于锁紧螺母上拧紧力矩和内外圈配合区域的过盈量是已知的。在确定实际预紧力时，由式(5-1)和式(5-8)联立可得预紧力与拧紧力矩的关系为

$$F_p = k_2 T - k_1 I_i \tag{5-11}$$

式中　k_2——力-扭矩系数。

　　其中式(5-11)中 k_2 表达式为

$$k_2 = \frac{2k_0}{d_2\left[\tan(\theta + \beta) + \dfrac{2}{3} \times \dfrac{\mu(D^3 - d^3)}{(D^2 - d^2)d_2}\right]} \tag{5-12}$$

通过对 k_2 的表达式分析可知：k_2 与锁紧螺母的结构参数、支撑面间的摩擦系数和轴承接触角有关。由于 k_1 和 k_2 也可以根据实际工程进行标定，为装配工程直接选择对应的预紧力提供理论依据。

本书中的空间轴承为 71807C 角接触球轴承，锁紧螺母为 M30×1.5。这里结合空间轴承、锁紧螺母的结构参数，空间轴承、锁紧螺母、主轴和轴承座等材料性能参数及其相应的摩擦特性，可以确定系数 k_1 和 k_2 与轴承实际接触角 α 的关系，如图 5-4 所示。在给定条件下，系数 k_1 和 k_2 仅随轴承的实际接触角 α 的变化而改变，接触角 α 增大时系数 k_1 和 k_2 也相应地增大。在测试预紧力时，接触角由加载于轴承上的预紧力决定，而精密轴系中空间轴承的预紧力变化范围相对较小，此时轴承接触角变化范围较小，则系数 k_1 和 k_2 可以假定为固定值。

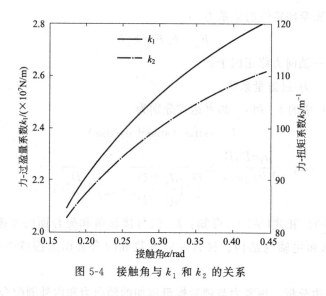

图 5-4 接触角与 k_1 和 k_2 的关系

综上分析可知，预紧力源自轴向力，且为轴向力被摩擦力截留后的力。轴承实际预紧力与拧紧力矩、装配过盈量和摩擦特性有关，并依此建立预紧力测量的理论计算模型，并可用此模型较精确地确定预紧力，为预紧力设计和装配提供参考。

5.2.2 轴承预紧力测试系统

主轴-轴承预紧力测试系统主要由预置式扭矩扳手、预紧力测试装置、数据采集分析系统和显示系统等组成，具体的预紧力测试系统框图如图 5-5 所示。在预紧力测试过程中，首先，利用预置式扭矩扳手加载拧紧力矩于锁紧螺母；受到拧紧力矩作用时，锁紧螺母将拧紧力矩转化为轴向力；加载装置将轴向力传递到主轴-轴承系统中，在轴向力的作用下内外圈相向移动被预紧，其中部分轴向力用于克服配合处的摩擦力，剩余的轴向力转化为预紧力，即轴向力被摩擦力截留后转化为预紧力；应用轴向力传感器和预紧力传感器分别检测轴向力和预紧力，并将力信号转化为电压信号，将电压信号传输到采集系统；通过信号采集系统采集传感器输出信号，并经信号分析系统分析处理，将在显示系统中显示出检测到的轴向力和预紧力的大小。

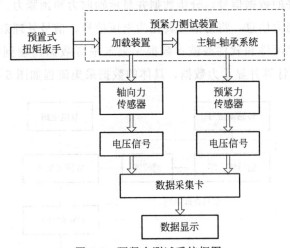

图 5-5　预紧力测试系统框图

图 5-6 为轴承预紧力测试装置，由主轴、71807C 角接触球轴承、M30×1.5 锁紧螺母、传感器和固定装置等组成。轴承对背靠背安装，且与主轴间的配合方式为过盈配合。由前文分析知，预紧力受内圈与主轴和外圈与轴承座间的摩擦力的影响，在主轴和轴承同时存在时预紧力难以检测。因此，为检测预

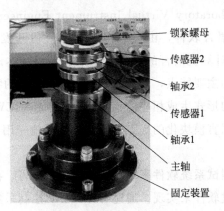

图 5-6　轴承预紧力测试装置

紧力，采用无轴承座的轴承预紧力测试装置，此时只有内圈配合处的摩擦力影响预紧力。在实验装置中，锁紧螺母施加轴向力于轴承，并使轴承对定位预紧。传感器 2 检测锁紧螺母施加的轴向力。传感器 1 测量预紧力，并起到了隔套的作用。

硬件和软件是预紧力数据采集系统主要的两部分。传感器和采集卡构成了硬件的主要部分，用于检测力信息并将力信息转化为电压信号，通过采集卡采集转化过来的电压信号；软件部分主要用于读取和存储数据，经过信号滤波和去噪以达到较好的数据信号，分析数据并显示轴向力和预紧力。数据采集流程为传感器感应到力信息，将力信号转化为电压信号；信号处理系统把微弱的电压信号放大，经硬件和软件滤波；数据采集卡采集数据传输到数据分析软件中，通过 PC 机计算并显示力数据，具体的数据采集流程如图 5-7 所示。

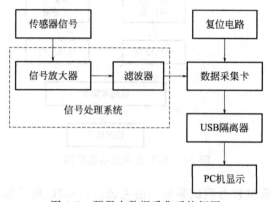

图 5-7　预紧力数据采集系统框图

5.2.3　基于 LabVIEW 的预紧力测试软件

LabVIEW（Laboratory Virtual Instrument Engineering Workbench）是一种图形化的编程语言软件，由美国国家仪器公司开发研制。LabVIEW 与 VB、VC、C++等计算机语言的显著区别是：采用文本语言是其他的计算机语言编写程序代码的主要特点，而 LabVIEW 编写程序的特点是使用图形化的语言，同时以框图的形式生成相应的程序。由于 LabVIEW 具有简单易学、软件界面直观和编程语言模块化的优点，因此被广泛地应用于工业界、学术界和研究实验室[177]。

本书中预紧力测试系统软件采用 LabVIEW 来编写，在预紧力测试过程中数据采集与处理通过软件来实现。通过 LabVIEW 控制采集卡采集数据，经过软件中滤波处理数据；在满意的程度上，把采集到的电压数据转化成预紧力数据，并通过 PC 界面进行显示。

5.2.3.1　数据采集与存储

在预紧力测试过程中，数据采集和存储是基础。采用 LabVIEW 控制数据采集卡对电压信号进行采集，将采集的电压信号完成 AD 转化，接着实现采集卡对数据信号进行采集和存储，具体的数据采集流程如图 5-8 所示。

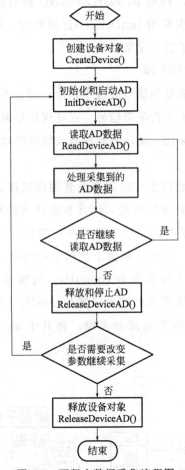

图 5-8　预紧力数据采集流程图

预紧力测试程序采用面向对象编程，需要使用数据采集卡等设备的功能。首先用 CreateDevice 函数创建设备对象句柄 hDevice，完成对数据采集卡的控制。然后将 hDevice 句柄作为参数，将信息传递给其他函数。

当创建了 hDevice 设备对象句柄后，接着调用 InitDeviceAD 函数初始化和启动 AD 部件，应用此函数的 pADPara 参数结构体对采集参数进行设置。通过对这个 pADPara 参数结构体的各个部分进行简单赋值，就可以实现初始化

所有硬件参数和设备状态的目的。在设备操作准备就绪时，开启 AD 设备开始
AD 采集。

在采集到 AD 数据后，调用 ReadDeviceAD 读取 USB 设备上的 AD 数据，
接着根据实验要求选择是否连续读取数据，进行相应选择。为了分析和显示实
验数据，将采集到的数据进行存储。

当采集完 AD 数据，调用 ReleaseDeviceAD 释放由 InitDeviceAD 占用的
系统软硬件资源。当再次调用 InitDeviceAD 函数时，那些软硬件资源才可被
再次使用。这样就完成了整个采集过程。

5.2.3.2　信号滤波和去噪

采集卡在采集和传输电压信号过程中，外界因素不可避免地对电压信号造
成一定的干扰，并引入了干扰噪声信号。在处理信号前，需要对信号进行滤波
和去噪处理，以提高信噪比。滤波有硬件滤波和软件滤波两种，这里主要介绍
软件滤波。

在设计采集数据的硬件系统时需要设置硬件滤波，但是硬件滤波无法将
外界各种干扰全部处理到理想效果，因此在设计软件时也需要采用软件辅助
滤波。在 LabVIEW 程序中，调用巴特沃斯滤波器，并对其参数进行相应的
设置，具体设置如图 5-9 所示。根据干扰信号的特点，滤波参数设置时选择
参数为 0 的低通滤波，采样频率为 10000Hz。观察和分析实验后滤波效果，
不断调整滤波频率，最终将滤波频率设置为 400Hz。由于软件滤波的缺陷造
成失真，因此将采集到的失真部分去掉，将其中 400 个点传输到下一个程
序中。

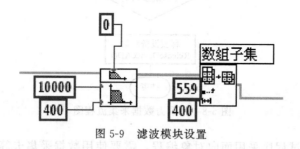

图 5-9　滤波模块设置

5.2.3.3　数据显示界面

采集到的数据经滤波去噪处理后，再将电压信号计算出力信息，最后在
LabVIEW 软件中完成预紧力采集和显示，程序主界面如图 5-10 所示。主界面
主要包含采集通道设置模块、测试力显示模块、测试电压显示模块和数据采集
记录模块。通过设置相应的采集参数，显示模块显示电压和预紧力数据，并将

这些数据保存到 PC 机存储文件中，以便数据分析。

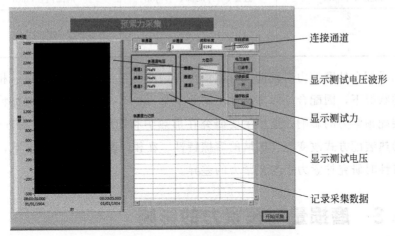

图 5-10　预紧力测试显示界面

综上所述，基于 LabVIEW 开发的预紧力测试系统软件主要用于采集、处理和显示电压和预紧力数据。本软件基本上可以满足实验需要，且其显示界面清晰，操作简单，是预紧力测试及后续分析的基础。

5.2.4　试验参数

在轴承预紧力测试装置中，空间轴承 71807C 材料为 9Cr18，主轴和锁紧螺母的材料为 TC4R，传感器的材料为 40CrNiMoA。轴承 71807C 的几何参数见第 2 章的表 2-2，锁紧螺母 M30×1.5 的几何参数如表 4-1 所示。

表 4-1　锁紧螺母几何参数（M30×1.5）

几何参数	取值
螺纹外径 d/mm	30
螺纹平均直径 d_2/mm	29.026
螺纹上升角 θ/(°)	0.942
当量摩擦角/(°)	8.53

在研究预紧力随过盈量变化的规律时，分别选择间隙配合、过渡配合和过盈配合这三种配合关系。轴承预紧力测试装置中，主轴装配直径为 35.0mm；轴承公差等级为 P4 级，分别选内圈内径为 34.998mm、34.9975mm 和 34.996mm 的轴承，则轴承与主轴承的配合过盈量分别为 $-1\mu m$、$-0.5\mu m$ 和 $1\mu m$，其中负盈量为间隙配合，正过盈量为过盈配合，其中选取的轴承偏差如表 4-2 所示。

表 4-2 轴承偏差

偏差尺寸/μm	过盈(+)/间隙(-)/μm	内圈内径/mm
-2	-1	34.998
-2.5	-0.5	34.9975
-4	+1	34.996

轴承配合处摩擦力对轴向力有截留作用,即使在相同配合过盈量、相同轴向力的状况下,因配合处摩擦特性不同而预紧力也不相同。为分析摩擦特性对轴承装配预紧力的影响,这里主要研究在加热炉和油槽两种加热装配方式下,不同加热装配方式改变配合区域的摩擦特性。在相同配合过盈量情况下,考虑摩擦特性时研究拧紧力矩与预紧力的差异。

5.3 磨损量对预紧力的影响

精密轴系中空间轴承对采用"背靠背"的排列方式安装,且采用锁紧螺母对其进行定位预紧。在轴承工作中,随着磨损时间的增加,滚珠与内、外圈沟道间的磨损量增加,滚珠压缩变形量减小,预紧力也随之降低。当预紧力降低到一定程度时,轴系的工作精度和刚度将无法满足工作要求[178~180]。因此,这里主要分析沟道磨损量变化时,轴承预紧力的变化规律。

5.3.1 沟道结构参数变化

在运转过程中,轴承内、外圈与滚珠发生磨损,磨损引起内、外圈沟道半径、曲率半径系数和初始接触角等结构参数发生变化,其内、外圈沟道半径变化量如图 5-11 所示。基于 Archard 磨损理论,可以计算出内、外圈沟道的磨损体积。依据磨损体积、磨损面积和沟道变化半径变化量的几何关系,可以将沟道磨损体积折算成沟道变化半径变化量,其内、外圈沟道半径变化量分别为

$$\Delta r_i = \Delta_i \left[\frac{1}{2\pi a_i (d_m - D_b \cos\alpha_i)} + \frac{2}{Z\pi D_b^2} \right] \tag{5-13}$$

$$\Delta r_o = \Delta_o \left[\frac{1}{2\pi a_o (d_m - D_b \cos\alpha_o)} + \frac{2}{Z\pi D_b^2} \right] \tag{5-14}$$

式中　Δ_i——内圈磨损量;

　　　Δ_o——外圈磨损量;

　　　Δr_i——内圈沟道半径增长量;

　　　Δr_o——外圈沟道半径增长量。

沟道半径发生变化后,沟道的半径曲率系数也将随之发生改变。根据磨损

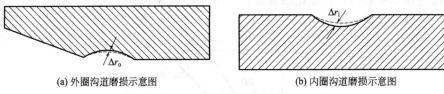

(a) 外圈沟道磨损示意图　　　　　　　　(b) 内圈沟道磨损示意图

图 5-11　轴承磨损示意图

后的沟道半径和半径曲率系数的定义可知，磨损后内、外圈的半径曲率系数分别为

$$f_i' = \frac{r_i + \Delta r_i}{D_b} \qquad (5\text{-}15)$$

$$f_o' = \frac{r_o + \Delta r_o}{D_b} \qquad (5\text{-}16)$$

沟道半径增加必将导致轴承的初始径向间隙增加，初始接触角随间隙的改变也发生相应的变化，其磨损后的初始接触角为

$$\alpha_1 = \arccos \left[1 - \frac{u_r + 2(\Delta r_i + \Delta r_o)}{2D_b(f_i' + f_o' - 1)} \right] \qquad (5\text{-}17)$$

这里依据沟道磨损体积，分析了磨损后轴承的结构参数，建立磨损后的轴承新模型，为磨损后轴承残余预紧力的研究奠定了基础。

5.3.2　磨损后残余预紧力

轴承的预紧力与滚珠和内、外圈的接触变形量有关，也就是说，变形量的大小反映轴承预紧力的大小。当内、外圈沟道磨损后，沟道半径变大，滚珠与沟道的初始接触变形将有所放松，预紧力也随变形量发生改变。磨损后滚珠变形量对应的预紧力为残余预紧力。

在初始预紧力 F_a 的作用下，滚珠与沟道接触变形，内、外圈沿轴线方向的相对移动量为 $u_a/2 + \delta_a$，内圈沟道曲率中心从 O_i 移动到 O_i'，如图 5-12 所示。为研究轴承内部滚珠与内、外圈沟道间的变形关系，将图 5-12 中内、外

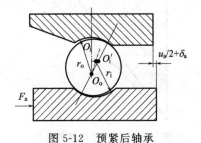

图 5-12　预紧后轴承

圈沟道曲率中心的位置变化图放大,如图 5-13 所示。

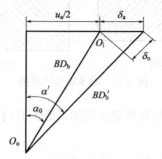

图 5-13　磨损前局部放大图

磨损前的轴承在预紧力 F_a 作用下,接触角从 α_0 变为 α',滚珠与内、外圈间的法向变形量为 δ_n,轴向变形量为 δ_a。其中法向变形量 δ_n 为滚珠与内圈沟道间变形量 δ_i 和滚珠与外圈沟道间变形量 δ_o 之和,即 $\delta_n = \delta_i + \delta_o$。由图 5-13 可知,内、外圈沟道曲率中心间的距离 O_oO_i' 为

$$O_oO_i' = (f_i + f_o - 1)D_b + \delta_o + \delta_i \tag{5-18}$$

式中　f_i——内圈沟道曲率半径系数;

　　　f_o——外圈沟道曲率半径系数;

　　　δ_i——滚珠与内圈沟道间变形量;

　　　δ_o——滚珠与外圈沟道间变形量。

轴承磨损前后,滚珠与沟道的接触变形量发生变化。为研究磨损后轴承的残余预紧力,同样依据磨损后轴承内部滚珠与内、外圈沟道间的变形关系,将外圈沟道曲率中心的位置变化图放大,如图 5-14 所示。在 5.3.1 节,已经根据沟道磨损量,修正了磨损后空间轴承的结构参数,建立新的轴承模型。分析磨损后的残余预紧力时,假设对磨损后的新轴承施加与残余预紧力同等大小的预紧力。在残余预紧力 F_a' 的作用下,磨损后的轴承初始接触角由 α_1 变为 α_1',

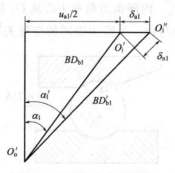

图 5-14　磨损后局部放大图

法向变形量和轴向变形量分别变为 δ_{n1} 和 δ_{a1}。内、外圈沟道曲率中心间的距离 $O_o'O_i''$ 为

$$O_o'O_i'' = (f_i' + f_o' - 1)D_b + \delta_o' + \delta_i' \tag{5-19}$$

式中　f_i'——磨损后内圈沟道曲率半径系数；

　　　f_o'——磨损后外圈沟道曲率半径系数；

　　　δ_i'——磨损后滚珠与内圈沟道间变形量；

　　　δ_o'——磨损后滚珠与外圈沟道间变形量。

在残余预紧力作用下，磨损后的轴承仅产生轴向位移。外圈曲率中心相对内圈只发生轴向移动。由图 5-14 可知，在承受预紧力的前后，磨损后轴承内、外圈沟道曲率中心间距的几何关系为

$$O_o'O_i'\cos\alpha_1 = O_o'O_i''\cos\alpha_1' \tag{5-20}$$

式中　$O_o'O_i'$——磨损后内外沟道中心间距；

　　　α_1——磨损后初始接触角；

　　　α_1'——磨损后预紧接触角。

空间轴承磨损后，其内、外圈沟道曲率半径变化，从而导致滚珠与内、外圈间的轴向压缩变形量产生相应的变化。结合图 5-13 和图 5-14 可知，磨损前后空间轴承的轴向变形量变化量为

$$\Delta\delta_a = O_oO_i'\sin\alpha' - O_o'O_i''\sin\alpha_1' \tag{5-21}$$

式中　O_oO_i'——磨损前预紧力下的内、外圈沟道中心间距；

　　　$O_o'O_i''$——磨损后预紧力下的内、外圈沟道中心间距；

　　　$\Delta\delta_a$——轴向变形量的变化量。

在精密轴系组件中，轴承内、外圈沟道磨损导致滚珠变形量改变，引起预紧力变化。预紧力变化引起轴承轴向变形量和轴承对间隔套的压缩变形量发生了变化。对于单个轴承而言，其内、外圈的轴向变形量的变化量为 $\Delta\delta_a$。对于隔套而言，隔套压缩变形量的变化量为 $\Delta\delta_g$。由变形协调关系可知，隔套压缩变形量的变化量为轴承对轴向变形变化量之和，则隔套变形量的变化量为

$$\Delta\delta_g = 2\Delta\delta_a \tag{5-22}$$

式中　$\Delta\delta_g$——隔套压缩变形量的变化量。

依据胡克定律可知，隔套压缩变形量的变化量为

$$\Delta\delta_g = \frac{(F_a - F_a')L_g}{E_gA} \tag{5-23}$$

式中　F_a'——残余预紧力；

　　　E_g——隔套材料的弹性模量；

　　　　A——隔套横截面的面积；

　　　　L_g——隔套的长度。

　　由于此空间轴承的转速较低，离心力很小，起作用可忽略不计，即离心作用引起滚珠与内、外圈接触角差异较小，二者相等。由此可知，滚珠与内、外圈的接触压力相等，即

$$K_i\delta_i^{\prime 1.5}=K_o\delta_o^{\prime 1.5} \tag{5-24}$$

式中　K_i——内圈载荷-位移系数；

　　　　K_o——外圈载荷-位移系数。

　　空间轴承磨损后，滚珠与内、外圈沟道的接触变形量发生了变化。由变形量与法向接触力的关系可知，滚珠与内圈的法向接触压力为

$$Q_i^{\prime}=K_i\delta_i^{\prime 1.5} \tag{5-25}$$

　　空间轴承工作于空间，在微重力作用下轴承仅承受轴向预紧力，则每个滚珠的受力情况相同。单个滚珠的法向接触压力发生了变化，其轴向分量也随之发生相应的变化。所有滚珠对内圈法向接触力的轴向分量之和与残余预紧力大小相等，则磨损后轴承的残余预紧力为

$$F_a^{\prime}=ZQ_i^{\prime}\sin\alpha_1^{\prime} \tag{5-26}$$

　　联合式(5-18)~式(5-25)可得，化解后$\delta_i^{\prime}$、$\delta_o^{\prime}$、$\delta_a^{\prime}$和$\alpha_1^{\prime}$为未知量的非线性方程组，应用Newton-Raphson法可以求得磨损后的残余预紧力$F_a^{\prime}$。

　　本节基于磨损理论计算出磨损体积，在此基础上将磨损体积折算出沟道半径变化量，构建了磨损后轴承新模型，研究了磨损后轴承的残余预紧力。残余预紧力为磨损后轴承工作性能及其失效研究做好了前提准备。

5.4　交变温度对预紧力的影响

　　空间轴承在空间环境工作时，环境因素中的交变温度将成为影响轴承性能的主要因素之一[181]。在交变温度作用下，精密轴系组件发生热变形，由于各组件材料热学性能的差异导致热变形程度不同，形成很大的内力，进而致使轴系中的空间轴承预紧力产生相应的变化。

5.4.1　精密轴系组件的热变形

　　由于空间轴承在轻载、低速状态下运转，则摩擦力矩产生的摩擦热很小，可忽略不计。因此，精密轴系组件的整体温度相同，温度变化由空间环境温度决定。通常状况下，精密轴系组件在室温下安装，但工作于比室温温度高ΔT

的空间环境。当交变温度与室温相差 ΔT 时，空间轴承发生热变形，其结构参数发生改变，其热变形示意图如图 5-15 所示。

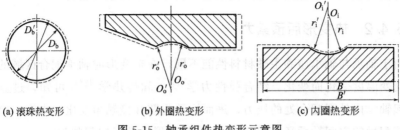

(a) 滚珠热变形　　　　　(b) 外圈热变形　　　　　(c) 内圈热变形

图 5-15　轴承组件热变形示意图

由于交变温度的变化，空间轴承材料将产生热变形，其内外圈半径和滚珠直径的变化量分别为

$$\Delta r_i = \alpha_b r_i \Delta T \tag{5-27}$$

$$\Delta r_o = \alpha_b r_o \Delta T \tag{5-28}$$

$$\Delta D_b = \alpha_b D_b \Delta T \tag{5-29}$$

式中　α_b——轴承材料的热膨胀系数。

设轴承的宽度为 B，当轴承在空间环境下的温度比室温下高 ΔT 时，则轴承宽度将产生线性热变形，热变形后为

$$B' = (1 + \alpha_b \Delta T) B \tag{5-30}$$

精密轴系组件热变形时，其内部的轴承和主轴配合处的尺寸也将变化。在轴承配合处，内圈内径为 D_i，主轴直径为 d_s，二者的热变形量分别为

$$\Delta D_i = \alpha_b D_i \Delta T \tag{5-31}$$

$$\Delta d_s = \alpha_s d_s \Delta T \tag{5-32}$$

式中　α_s——主轴材料的热膨胀系数；

　　　d_s——主轴直径。

由于轴承内圈内径和主轴的直径公称尺寸相同，结合式(5-31) 和式(5-32) 可知，内圈配合处的过盈量变化量为

$$\Delta I_{iT} = (\alpha_s - \alpha_b) D_i \Delta T \tag{5-33}$$

同理可知，外圈配合处的过盈量的变化量为

$$\Delta I_{oT} = (\alpha_b - \alpha_h) D_o \Delta T \tag{5-34}$$

式中　α_h——轴承座材料的热膨胀系数。

在精密轴系组件中，轴承对间隔套长度为 L_g，在装配轴承跨度区域的主轴长度为 L，热变形后隔套和主轴长度分别变为

$$L_g' = (1 + \alpha_g \Delta T) L_g \tag{5-35}$$

$$L' = (1 + \alpha_s \Delta T)L \tag{5-36}$$

在交变温度作用下，精密轴系中的轴承、隔套、轴承座和主轴发生变形，变形将引起轴承中滚珠压缩变形量改变，诱导轴承预紧力变化。

5.4.2 热变形后预紧力

由于轴承与轴承座和主轴材料性能不同，在热变形时轴承配合区域的过盈量随交变温度变化而变化。结合弹性力学[182]和传热学[183]可知，过盈量变化引起轴承内外圈配合处的压力，进而导致间隙和接触角变化。由第 4 章研究知，装配后的空间轴承径向间隙为 u_{r1}，热变形后的径向间隙为

$$u_{rT} = u_{r1} - \Delta u_{rT} \tag{5-37}$$

式中　Δu_{rT}——交变温度引起间隙变化量。

由接触角定义知，径向间隙变化后接触角变为

$$\alpha_T = \arccos\left(1 - \frac{u_{rT}}{2BD_b'}\right) \tag{5-38}$$

空间轴承热变形后，滚珠与内外圈的轴向变形量也随之改变。由上述分析知预紧后的轴承在常温下轴向变形量为 δ_a，交变温度下轴向变形量变为 δ_a'，则轴向变形量的变化量为

$$\Delta \delta_a = \delta_a - \delta_a' \tag{5-39}$$

在常温下，空间轴承预紧后结合图 5-1 和图 5-2 可知主轴长度、轴承宽度和隔套长度间的几何关系为

$$L = L_g + 2B - 2\left(\frac{1}{2}u_a + \delta_a\right) \tag{5-40}$$

由 5.4.1 节可知，在交变温度的作用下，主轴长度由 L 变为 L'，轴承宽度由 B 变为 B'，隔套长度由 L_g 变为 L_g'。式(5-40) 中的关系变为

$$L' = L_g' + 2B' - 2\left(\frac{1}{2}u_{aT} + \delta_a'\right) \tag{5-41}$$

空间轴承预紧后，轴向变形量和接触角存在一定的关系。依此关系，交变温度下预紧后轴承的轴向变形量为

$$\delta_a' = BD_b'(\cos\alpha_T \tan\alpha_T' - \sin\alpha_T') \tag{5-42}$$

从上边分析中得知预紧后接触角 α_T'，由预紧力和接触角的关系可知交变温度下的预紧力为

$$F_{aT}' = ZK_n(BD_b')^{3/2} \sin\alpha_T'\left(\frac{\cos\alpha_T}{\cos\alpha_T'} - 1\right)^{3/2} \tag{5-43}$$

式中　F_{aT}'——交变温度下预紧力。

这里综合考虑了轴承装配公差和精密轴系组件内部变形协调关系，建立了随交变温度变化的预紧力模型，为分析交变温度诱导预紧力变化提供了理论基础，也是研究空间轴承预紧失效的前提。

5.5 工作载荷对预紧力的影响

为了增加刚度、提高工作精度和减少振动，必须对轴承施加合适的预紧力。在工作过程中，轴承受到工作载荷的影响，其内部滚珠与内外圈沟道接触变形发生变化，预紧力也将改变。由于工作载荷可分解为轴向、径向和力矩载荷，在考虑工作载荷影响预紧力时，需分别研究轴向载荷、径向载荷和倾覆力矩对轴承轴向预紧力的作用机理及预紧力的演化规律。

5.5.1 轴承受载分析

空间轴承在轨服役时，空间轴承预紧力除了受装配工艺、环境因素、运转中的磨损影响外，还有载荷的变化会导致其演化。载荷影响预紧力差异主要是由加载方式和载荷大小不一而造成。本节主要从载荷性质和大小着手，分析预紧力的变化及其演化规律。

按照载荷的方向来分析，轴承承受的载荷可分为轴向载荷、径向载荷和倾覆弯矩。轴承种类不同，轴承的载荷也不相同，可能承受单一载荷，也可能承受联合载荷。对于精密轴系组件中的成对角接触轴承，主要承受轴向载荷和径向载荷，但是安装中同轴度不同以及外载荷都将引入倾覆力矩。轴向载荷和径向载荷是角接触轴承主要承担的工作载荷。从载荷来源角度来讲，轴承承受内部的轴向预紧力和外部的工作载荷。

由于工作载荷中的轴向载荷与轴向预紧力的矢量方向在同一直线上，因此轴向载荷对轴承预紧力的影响相对比较简单。接下来主要分析径向载荷与倾覆弯矩对轴向预紧力的影响。

5.5.2 基于轴承静力学的预紧力模型

在空间环境服役时，精密轴系组件受到外界工作对象的作用，其内部的空间轴承将承受轴向、径向和力矩单一或联合外载荷。在工作载荷作用下，在轴承沟道任意角位置 ψ 处的工作接触角 α 不同。当工作载荷作用于轴承上时，内圈相对外圈出现位移，而位移分别为轴向、径向和角位移，其任意角位置 ψ 处的工作接触角 α 的正弦和余弦分别为[184]：

$$\sin\alpha = \frac{\sin\alpha° + \overline{\delta}_a + \mathscr{R}_i \overline{\theta}\cos\psi}{\sqrt{(\sin\alpha° + \overline{\delta}_a + \mathscr{R}_i \overline{\theta}\cos\psi)^2 + (\cos\alpha° + \overline{\delta}_r\cos\psi)^2}} \tag{5-44}$$

$$\cos\alpha = \frac{\cos\alpha° + \overline{\delta}_r\cos\psi}{\sqrt{(\sin\alpha° + \overline{\delta}_a + \mathscr{R}_i \overline{\theta}\cos\psi)^2 + (\cos\alpha° + \overline{\delta}_r\cos\psi)^2}} \tag{5-45}$$

对于空间轴承，内部载荷和外部载荷共同影响轴承的刚度、旋转精度和使用寿命等性能。内部载荷主要指装配过程中的轴向预紧力，外部载荷指工作对象对轴承作用的轴向载荷、径向载荷和倾覆力矩。在内外载荷共同作用下，轴承静力学平衡方程组如下：

$$F'_a - F_a = K_n A^{1.5} \sum_{\psi=0}^{\psi=\pm\pi} \{[(\sin\alpha° + \overline{\delta}_a + \mathscr{R}_i \overline{\theta}\cos\psi)^2 + (\cos\alpha° + \overline{\delta}_r\cos\psi)^2]^{0.5} - 1\}^{1.5}\sin\alpha \tag{5-46}$$

$$F'_r = K_n A^{1.5} \sum_{\psi=0}^{\psi=\pm\pi} \{[(\sin\alpha° + \overline{\delta}_a + \mathscr{R}_i \overline{\theta}\cos\psi)^2 + (\cos\alpha° + \overline{\delta}_r\cos\psi)^2]^{0.5} - 1\}^{1.5}\cos\alpha\cos\psi \tag{5-47}$$

$$M'_\psi = \frac{d_m}{2}K_n A^{1.5} \sum_{\psi=0}^{\psi=\pm\pi} \{\sqrt{(\sin\alpha° + \overline{\delta}_a + \mathscr{R}_i \overline{\theta}\cos\psi)^2 + (\cos\alpha° + \overline{\delta}_r\cos\psi)^2} - 1\}^{1.5}\cos\alpha\cos\psi \tag{5-48}$$

式中　　F'_a——外部轴向载荷；

$\qquad F'_r$——外部径向载荷；

$\qquad M'_\psi$——外部力矩；

$\qquad F_a$——轴向预紧力。

由于精密轴系中的空间轴承定位预紧，在初始状态时轴向位移是确定的。在非线性方程组 [式(5-46)～式(5-48)] 中，外部载荷 F'_a、F'_r 和 M'_ψ 已知时，轴向预紧力和径向位移及角位移未知。应用 Newton-Raphson 法求解此非线性方程组，可知轴向预紧力随工作载荷的演化规律。

5.6 预紧力演化规律

在 5.2 节中，针对航天机构中空间轴承轴向预紧力精确确定的问题，在考虑轴承配合区域的摩擦特性的基础上，研究了过盈量对拧紧力矩与轴承轴向预紧力关系的影响规律。通过理论分析推导建立了拧紧力矩、过盈量和摩擦特性影响轴向预紧力的理论公式，并通过试验所得数据对理论分析结果进行验证。

在理论分析和试验中，分别选取了 3 组不同 Δ_{dmp} 规格的轴承与主轴配合，研究了在不同过盈量下拧紧力矩与轴承预紧力的关系。其中选取了配合公差分别为 $1.0\mu m$ 的间隙配合和 $0.5\mu m$、$1.0\mu m$ 的两种不同的过盈配合，在此条件下拧紧力矩与轴承轴向预紧力的关系分别如图 5-16 中的（a）～（c）所示。由

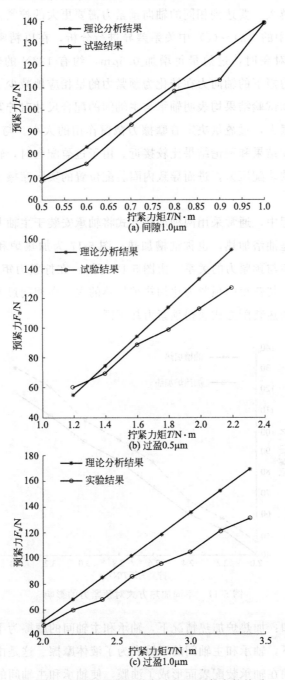

图 5-16　不同过盈量下拧紧力矩和预紧力的关系

图 5-16 可知：施加于锁紧螺母上的拧紧力矩越大，轴承的预紧力越大；但是在配合尺寸不同时，相同的拧紧力矩下轴承上轴向预紧力相差很大；从间隙配合到过盈配合过程中，配合过盈量越大，轴承与主轴间的摩擦力越大，对轴向力的截留作用越大，要达到相同的轴向预紧力需要更大的拧紧力矩。

对图 5-16 中的（a）～（c）中关系差异进行分析，在以精密轴系中的轴承71807C 为研究对象时，过盈量每增加 0.5μm，约有 123N 的轴向力被截留，即在相同拧紧力矩下的轴向力在转化为预紧力的量相应地减少了 123N。

理论结果和试验结果均表明轴承与主轴间的配合尺寸对拧紧力矩和轴向预紧力关系影响很大，过盈量决定着摩擦力截留作用的大小。与过盈配合相比，间隙配合的试验结果和理论结果比较接近。由于过盈配合时，轴向预紧力影响内圈与主轴间的装配压力，进而导致内圈装配位置的实际摩擦力与理论值间出现偏差。

在装配过程中，通常采用两种加热方式将轴承安装于主轴上，其一是加热炉加热，其二是油浴加热，也称油槽加热。图 5-17 为加热炉和油浴两种加热方式下拧紧力矩与预紧力的关系。由图 5-17 可知：在拧紧力矩相同的情况下，通过油槽加热安装获得的预紧力比加热炉加热的大。在相同过盈量和相同拧紧力矩下，不同加热装配方式获得预紧力却不同。

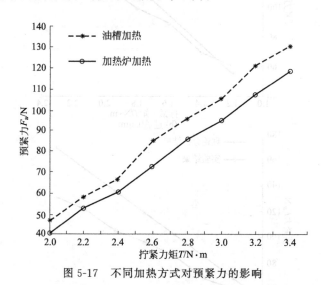

图 5-17　不同加热方式对预紧力的影响

经分析可知：加热炉加热情况下，轴承和主轴间的摩擦为干摩擦；而油浴加热装配方式下，轴承和主轴间的摩擦变为了液体摩擦。这是由于在油槽加热过程中，液体油在轴承装配表面形成了油膜，使轴承和主轴间的润滑状态为流体动压润滑；加热炉加热的轴承只是临时改变了轴承结构参数，但在装配表面没有油膜的存在，轴承和主轴间的润滑状态为干摩擦状态。与干摩擦相比，油膜改善了配合表面的摩擦特性，使轴承和主轴间的摩擦力减小[23]。在装配过程中，由于油槽加热改变了轴承和主轴配合面的摩擦特性，导致摩擦力对轴向力的截留作用减小。当摩擦系数增加 0.05，摩擦力对预紧力的截留量增加约为 1.13 倍。在相同拧紧力矩下，油槽加热得到的预紧力比加热炉加热得到的约大 1.13 倍。

综合过盈量和摩擦特性对装配预紧力的影响，轴承装配区域的摩擦力越小，对轴向力的截留作用越小。在工作过程中，由于振动等原因，轴承与主轴间的部分摩擦力会被释放，因此轴系的预紧力也会相应地增大。

在精密轴系运转过程中，空间轴承磨损是不可避免的。轴承沟道磨损深度随时间演化的规律如图 5-18 所示，轴承残余预紧力随时间演化的规律如图 5-19 所示。由图 5-18 和图 5-19 可知：随磨损时间增加，沟道磨损深度加深，轴承的残余预紧力降低；磨损深度增长度减小，残余预紧力降低率也减小。在磨损过程中，磨损深度与残余预紧力二者之间存在耦合关系。

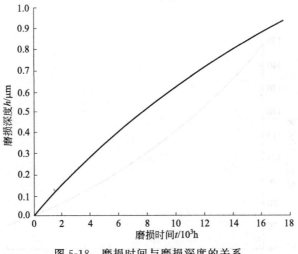

图 5-18　磨损时间与磨损深度的关系

由上述分析发现，在轴承磨损过程中，沟道磨损深度和残余预紧力相互影响、相互作用。通过沟道磨损深度修正轴承结构参数，利用变形协调关系和滚珠压缩变形量与预紧力的关系，研究表明轴承预紧力随磨损深度演化的规律如图 5-20 所示。由图 5-20 可知：随着磨损深度增加，预紧力逐渐减小，但预紧力减小率趋于减缓。在精密轴系中，空间轴承对定位预紧且"背靠背"安装，沟道磨损导致轴承内部的滚珠压缩变形量减小，因此磨损深度增加引起预紧力降低。同时，由 Archard 磨损理论知，磨损率由接触力和滑动速度决定。在转速一定的情况下，预紧力降低导致磨损率减小，磨损深度增长率降低。因此，磨损深度决定磨损后的预紧力，预紧力同时又影响磨损深度的变化。

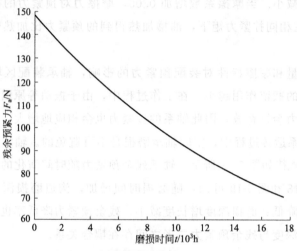

图 5-19　磨损时间与残余预紧力的关系

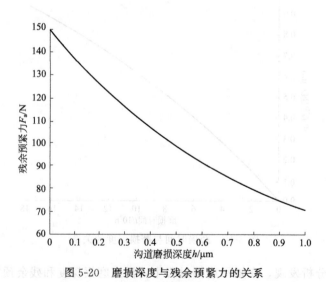

图 5-20　磨损深度与残余预紧力的关系

上述主要分析了轴承预紧力随时间演化的规律，揭示了沟道磨损深度影响轴承预紧力变化机理，阐述了磨损深度和预紧力相互作用。

交变温度变化时，轴承发生热变形，由于组成精密轴系各组件材料热膨胀系数不同，热变形程度也不相同，引起轴承预紧力变化。图 5-21 为轴承预紧力随交变温度变化的规律，其中分别有不计过盈量随交变温度变化和考虑过盈量受交变温度的影响。在初始预紧力为 150N 时，交变温度升高导致空间轴承的轴向预紧力变大。与不计轴承过盈量情况相比，当考虑过盈量随交变温度变化时，交变温度引起轴承预紧力变化较大。主轴和轴承座的材料为 TC4R，轴承的材料为 9Cr18，主轴和轴承座的热膨胀系数小于轴承的热膨胀系数。在交变温度升高时，内圈与主轴间的过盈量降低，外圈与轴承座间的过盈量增加，但外圈过盈量的增加量大于内圈过盈量的降低量，则轴承过盈量增加。因此，交变温度升高引起轴承过盈量增加，滚珠进一步压缩，考虑过盈量时轴承预紧力增大量也大。

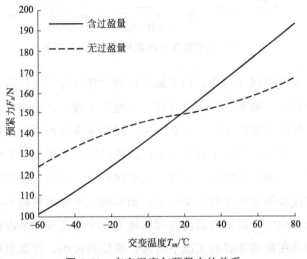

图 5-21　交变温度与预紧力的关系

　　为了验证轴承预紧力随交变温度变化的规律，开展了实验研究，其交变温度对预紧力影响的理论结果与实验结果如图 5-22 所示。在交变温度高于室温时，主轴、空间轴承和隔套都将受热伸长。由于空间轴承采用"背靠背"排列方式，隔套长度和外圈宽度热变形量之和大于主轴长度的热变形量，因此导致轴承内部滚珠压缩变形量增大，预紧力增加；同理可知，交变温度低于室温时，轴承预紧力将减小。在高低温时，预紧力随交变温度变化的实验结果和理论结果有偏差。这是由于交变温度变化时，轴承的装配过盈量也随之变化，由过盈量影响轴承配合区域的摩擦力可知，过盈量变化影响了摩擦力对预紧力的截留效果，因此在高温时理论结果比实验结果大，在低温时理论结果比实验结果小。

　　在通常工程中，"背靠背"安装的角接触球轴承在温度升高时，轴会变长，

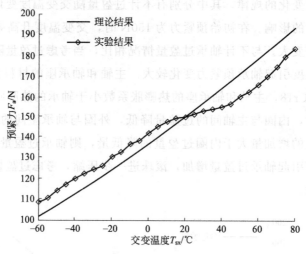

图 5-22　交变温度下预紧力实验与仿真结果

预紧力下降。而在空间环境中，精密轴系中的"背靠背"安装的角接触球轴承在交变温度升高时，轴承的预紧力升高。在通常工程中，温度升高是由于在轴承高速运转时摩擦力矩产生的摩擦热引起，同时滚珠与内圈的摩擦热比滚珠与外圈的摩擦热大很多，因此主轴和轴承内圈的温度升高量比轴承座和轴承外圈的温度升高量大，而隔套的温度升高量几乎接近零。此时，主轴的热变形量大于轴承外圈宽度和隔套长度的热变形量，轴承的压缩变形量减小，预紧力随之减小。在航天机构中，温度升高由空间环境中交变温度和轴承内部摩擦热共同决定。空间轴承在低速和轻载工况下运转，摩擦热较小，可以忽略不计，因此航天机构热变形主要由交变温度决定。因此，当交变温度升高，主轴的伸长量小于轴承外圈宽度和隔套长度伸长量之和，预紧力升高；当交变温度降低，预紧力降低。

假设初始装配状况下，轴向预紧力为 100N。在工作载荷作用下，其中轴向载荷为 100N，倾覆力矩为 0.1N·m，而径向载荷在 0～100N 的范围内变化，轴向预紧力随径向载荷变化的规律如图 5-23 所示。

由图 5-23 可知，随着径向载荷的增加，轴向预紧力呈现升高的趋势；在径向载荷见效的过程中，轴向预紧力降低，但在径向载荷于 15N 附近，预紧力却出现了轻微的增加。由于径向载荷的增加使轴承内部的滚珠接触变形量增加，因此轴承的轴向预紧力增加。在径向载荷接近 0 时，径向载荷对预紧力的影响很小，而此时倾覆力矩对预紧力影响占主导地位，导致轴向预紧力出现微弱的增加。

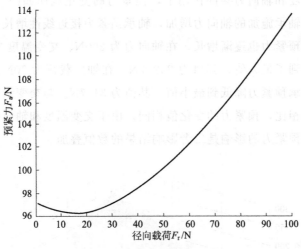

图 5-23 径向载荷对预紧力的影响

在理论分析倾覆力矩对轴向预紧力的影响时，设施加于轴承上的初始预紧力为 100N，工作载荷中轴线载荷为 100N，径向载荷为 50N，倾覆力矩在 $-0.5\sim0.5\mathrm{N\cdot m}$ 的范围内变化，预紧力随倾覆力矩变化规律如图 5-24 所示。

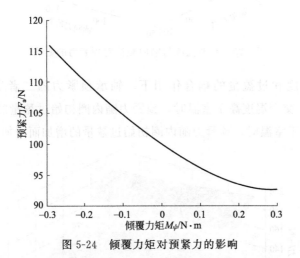

图 5-24 倾覆力矩对预紧力的影响

对图 5-24 中的预紧力变化规律进行分析可知：随着倾覆力矩反向增加，轴向预紧力呈现出逐渐升高的趋势；倾覆力矩正向增加时，轴向预紧力先减小，减小趋势逐渐减缓，其后预紧力略有增长。由于反向倾覆力矩对轴承滚珠的压缩变形量增大，轴向预紧力增大；而正向倾覆力矩增加时，滚珠的压缩变形量减小，轴向预紧力减小，当倾覆力矩继续增加，受轴承结构的限制，且轴向载荷和径向载荷的影响作用强于倾覆力矩的影响作用，压缩变形量几乎不变。

在交变温度和轴向力共同作用下，预紧力的变化规律如图 5-25 所示。随着锁紧螺母对轴承施加的轴向力增加，轴承预紧力接近线性增长；交变温度升高时，轴承的预紧力也逐渐增长。在轴向力为 200N、交变温度为 80℃时，轴承预紧力增长到了最大值，其值为 252.7N；在轴向载荷为 70N、交变温度为 −60℃时，轴承预紧力降低到最小值，其值为 34.7N。与交变温度和轴向力影响预紧力之和相比，预紧力的变化值相同。由于交变温度和轴向力之间相互独立、解耦，对预紧力的影响是二者影响结果的数值叠加。

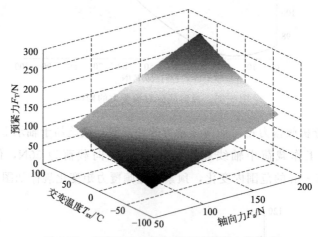

图 5-25　交变温度与轴向载荷对预紧力的影响

在交变温度和过盈量的耦合作用下，轴承预紧力随二者变化的规律如图 5-26 所示。交变温度高于室温时，预紧力随内圈初始过盈量的增加而减小；在交变温度低于室温时，预紧力随内圈初始过盈量的增加而增加。在理论分析

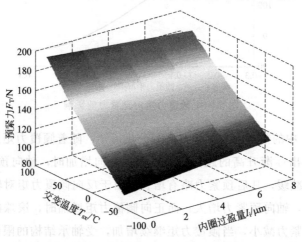

图 5-26　交变温度与过盈量对预紧力的影响

时，初始预紧力选取 150N，当交变温度升高到 80℃、初始预紧力为 0μm 时，
轴承预紧力达到了最大值，其值为 199.8N；当交变温度降低到−60℃、轴承
初始内圈过盈量为 0μm 时，轴承预紧力降低到最低 94.4N。与交变温度和过
盈量影响预紧力之和相比，交变温度和过盈量耦合作用下预紧力在高温时预紧
力升高趋势逐渐变大，在低温时预紧力降低趋势逐渐变大。由于温度变化改变
了轴承内圈过盈量，二者共同影响预紧力存在和耦合效应，影响效果大于各因
素效应之和。

　　在空间环境工作过程中，轴承将同时受交变温度和工作载荷的作用，因此
二者同时影响轴承预紧力。其中工作载荷主要影响轴承内部的载荷分布、工作
精度、磨损寿命及预紧力。交变温度引起机构热变形，导致滚珠变形量改变而
影响轴承预紧力。在二者共同作用下，预紧力将发生变化。

　　在交变温度和径向载荷共同作用时，交变温度的变化范围为−60～80℃，
径向载荷的变化范围为 0～100N，轴承预紧力在二者共同作用下的变化规律如
图 5-27 所示。由图 5-27 可知：在交变温度为 80℃、径向载荷为 100N 时，预
紧力升高到最大值，其值为 132N；在交变温度为−60℃、径向载荷为 0N 时，
预紧力降低到最小值，其值为 81N。从预紧力变化趋势分析，在高温时径向载
荷增加导致预紧力升高，且预紧力升高率越来越大；在低温时径向载荷降低引
起预紧载荷逐步减小，且变化趋势趋于平缓。在高温和低温时，交变温度和径
向载荷耦合影响预紧力的作用逐渐明显。由于交变温度引起轴承结构参数变
化，径向载荷引起滚珠变形量比二者单独作用之和大，预紧力变化更加显著。

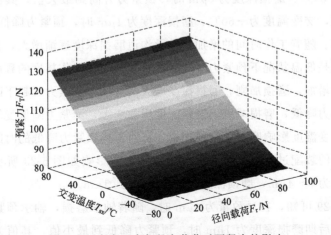

图 5-27　交变温度与径向载荷对预紧力的影响

同样，在空间环境中轴承同时受交变温度和磨损深度的共同作用，预紧力

随之将发生变化。磨损深度和交变温度都是通过改变轴承结构参数，影响滚珠的初始变形量，进而导致预紧力随之变化。

在交变温度和磨损深度共同作用时，交变温度的变化范围为 $-60\sim80℃$，在磨损过程中磨损深度从 $0\mu m$ 逐渐变为 $1.0\mu m$，预紧力在二者共同作用下的变化规律如图 5-28 所示。

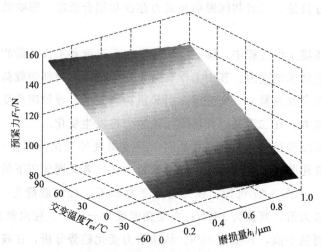

图 5-28　交变温度与磨损量对预紧力的影响

由图 5-28 中曲面变化趋势可知，交变温度升高时预紧力增加，而磨损深度增加时预紧力却降低，即二者对预紧力的影响趋势是相反的。在磨损初期，交变温度为 80℃、磨损深度为 $0\mu m$ 时，预紧力升高到最大值，其值为 158N；在磨损后期，交变温度为 $-60℃$、磨损深度为 $1\mu m$ 时，预紧力降低到最小值，其值为 83N。随着工作时间的增加，轴承沟道磨损深度逐渐增大，预紧力逐渐降低，特别是低温状况下预紧力逐渐降低到无法满足工作精度的程度。在高温时，预紧力增加，磨损加剧，磨损深度增大率降低，预紧力又趋于降低；在低温时，预紧力降低，磨损减缓，磨损深度增加变缓，预紧力降低变缓。在磨损过程中，交变温度影响磨损深度变化率，从而影响预紧力降低的时间。

在不同的装配过盈量下，磨损量对预紧力的影响如图 5-29 所示。其中过盈量的范围为 $0\sim4\mu m$，磨损深度从 $0\mu m$ 变化到 $1\mu m$。

由图 5-29 可知，在过盈量为 $0\mu m$ 时，随着轴承磨损，轴承预紧力逐渐降低，在磨损后期磨损深度为 $1\mu m$ 时，预紧力降低到最小值，其值为 87N；在过盈量为 $4\mu m$ 时，在磨损初期预紧力为 138N。在磨损初期，装配过盈量对预紧力影响较大，决定着磨损过程中预紧力降低量。过盈量越小，磨损过程中预

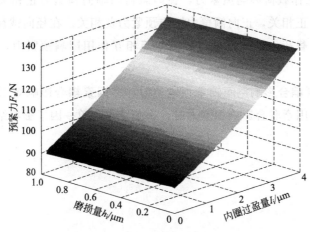

图 5-29　磨损量与过盈量对预紧力的影响

紧力越容易降低到最小值，轴承越容易出现预紧不足，导致机构出现预紧失效。可见过盈量对预紧力失效有决定性的作用，即在满足可靠运行条件下，应该选择较大的过盈量。

5.7　小结

本章以精密轴系中"背靠背"排列且定位安装 71807C 空间轴承为研究对象，分别分析考虑摩擦特性时过盈量、磨损量、交变温度和工作载荷影响因素对预紧力的影响及其演化规律，揭示预紧力在单一因素和多因素耦合作用下的演化机理，并得到以下结论：

① 在考虑摩擦特性的基础上，分析过盈量对预紧力与拧紧力矩关系的影响。过盈量增大导致摩擦力截留作用越来越明显，相同拧紧力矩转化成的预紧力降低。摩擦系数较小时，加载相同的拧紧力矩，轴承预紧力却较大。通过分析预紧力与拧紧力矩的关系，提出轴承比较精确确定预紧力的理论计算模型。

② 在 Archard 磨损理论基础上，探究了磨损量与空间轴承结构参数变化的对应关系，根据滚珠压缩变形量的变化揭示了沟道磨损深度影响轴承预紧力变化机理，阐述了在磨损过程中磨损深度和预紧力的相互作用。

③ 考虑轴承过盈量，建立预紧力随交变温度变化的数学模型，揭示了在空间环境下"背靠背"轴承对的预紧力与交变温度正相关的规律。进一步探讨在交变温度高于室温时，初始过盈量增加，预紧力降低；交变温度低于室温时，预紧力变化规律恰好相反。

④ 对于工作载荷影响预紧力，径向载荷与轴向预紧力正相关，反向倾覆力矩与预紧力正相关，正向倾覆力矩与预紧力负相关。在径向载荷与倾覆弯矩较小时，轴向载荷、径向载荷与倾覆弯矩相互作用影响预紧力，预紧力变化较缓。

⑤ 多因素耦合影响空间轴承预紧力时，多因素耦合影响效果比各因素影响之和大。多因素联合影响预紧力时，影响结果为单一因素影响结果的叠加。

第**6**章

空间轴承失效模式及失效机理

6.1　引言

空间轴承失效模式及失效机理分析是进行空间轴承可靠性研究的基础，通过对空间轴承故障演化趋势的研究，可以预测和防范空间轴承因潜在故障而导致航天机构失效。通过对空间轴承常见失效机理的分析研究，主要分析故障的形成因素及其作用机理，可以采取必要的措施，降低或避免同类故障的发生。因此，本节根据空间轴承的特点[185~187] 和工作环境的特殊性[188~190]，结合前几章的润滑膜磨损、间隙和预紧力等演化规律，对空间轴承潜在故障的成因、失效模式和故障影响因素间的关系进行分析。针对交变温度诱导空间轴承预紧力等演化，在现有条件下开展了交变温度下轴向预紧力随其演化的实验研究。为了提高空间轴承的可靠性，提出了几种消除和减缓影响因素激励引起空间轴承性能和功能变化的方法，从而为空间轴承可靠性分析研究提供理论参考。

6.2　失效模式及机理

空间环境因素对航天机构的工作性能有明显的负面影响，本节将考虑交变温度引发空间轴承面临的失效模式及失效机理。交变温度的变化范围为 $-60 \sim 80\,℃$，在其影响下组成精密轴系组件由于热膨胀系数不同，各组件的热变形程度不同，从而导致空间轴承面临失效。空间轴承失效除了前面研究的润滑失效和预紧失效，还有刚度、径向间隙、接触角和装配过盈量失效指标的演化而导致的失效。为适应交变温度和确保空间轴承可靠运行，提出空间轴承运行可靠性区域设计方法，以确定初始安装过盈配合量和预紧力的选择范围。

6.2.1 空间轴承许用预紧力

合适的预紧力是空间轴承可靠运行的保障，其可以提高使用寿命、降低振动和提高工作精度。预紧力往往直接影响着航天机构工作性能及其使用寿命，如果预紧力不足，则机构刚度和工作精度将无法保证，甚至出现剧烈的振动现象；如果轴承预紧力过大，虽然可以增加支撑刚度和提高运动精度，但轴承的摩擦力矩增大，温度急剧升高，磨损加剧，使用寿命缩短。

为了保证精密轴系组件的刚度和工作精度的最低指标，需要分析轴承刚度随轴向预紧力变化的规律，二者的关系如图 6-1 所示。由图 6-1 可知：刚度随着预紧力的增加而提高；在预紧力为 70N 时，刚度为 $1.21 \times 10^7 \mathrm{N/m}$，此时已经满足了轴承刚度最小要求，也保证了工作精度。

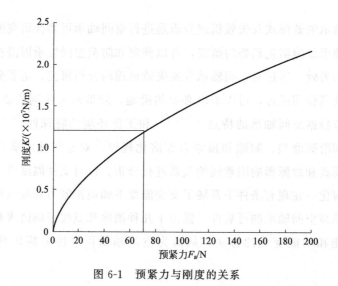

图 6-1 预紧力与刚度的关系

前文已提到沟道及滚珠表面溅射 MoS_2 润滑膜，且润滑膜的厚度为 $1\mu m$。润滑膜 MoS_2 的抗压极限为 2800MPa，这决定了空间轴承轴向预紧力的最大极限值。为保证轴承可靠运转，还必须使预紧力有适当的储备，将抗压极限对应的预紧力乘以安全系数 n，得到了预紧力的最大许用值。依据赫兹接触理论可知，预紧力与最大接触应力的关系如图 6-2 所示。考虑到安全问题，结合

图 6-2 可知最大预紧力为 200N，此时对应的最大接触应力为 2411MPa，且小于抗压极限 2800MPa，满足工作要求。

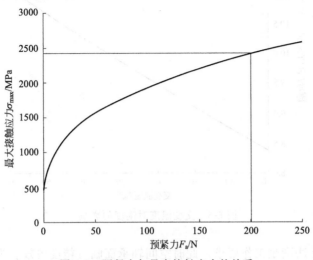

图 6-2 预紧力与最大接触应力的关系

由图 6-1 和图 6-2 可知：在轴向预紧力增加的过程中，轴承支承刚度逐渐增大，工作精度提高，同时接触区域的最大接触应力也随之增加。在刚度和精度要求下，确定了最小轴向预紧力；在润滑膜抗压极限要求下，确定了最大轴向预紧力。综合考虑这两方面的要求，预紧力的许用范围为 70～200N。在此范围内的预紧力可以同时满足刚度要求和润滑膜 MoS_2 允许的极限值，但是不同的预紧力使轴承寿命不同，这就需要优化预紧力使轴承使用寿命最长。

6.2.2　交变温度诱发的失效模式

轴承刚度决定精密轴系的旋转精度，而轴承刚度取决于初始轴向预紧力。在空间环境中，预紧力受交变温度的影响而变化。因此，空间轴承的刚度也受交变温度的影响，二者的关系如图 6-3 所示。由图 6-3 可知：当交变温度低于室温时，轴承刚度随交变温度降低而升高；当交变温度高于室温时，轴承刚度随交变温度升高而降低。在第 5 章分析中可知，交变温度升高引发精密轴系轴向预紧力增加，由预紧力和刚度的关系可知，交变温度升高时轴承刚度升高；同理可知，温度降低时轴承刚度降低。

由于轴承刚度决定精密轴系的旋转精度，结合图 6-3 可知：在交变温度低于室温时，空间轴承的刚度降低；交变温度高于室温时，空间轴承的刚度增大。空间轴承的刚度降低过大，在运转时空间轴承将出现振动，同时导致旋转

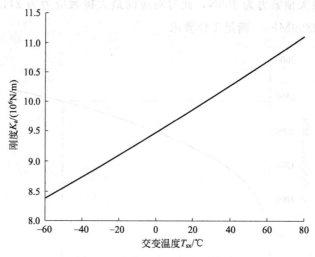

图 6-3   交变温度对刚度的影响

精度降低而无法满足工作要求,此时空间轴承面临着精度失效。为避免出现精度失效,初始预紧力应该合理地选择,以免交变温度引发预紧力降低过大而导致轴承刚度降低过大,进而引发精度失效。

在空间环境工作时,空间轴承的径向间隙随交变温度变化的规律如图 6-4 所示。由图 6-4 可知:当交变温度低于室温时,径向间隙随交变温度降低而升高;当交变温度高于室温时,径向间隙随交变温度升高而降低。这是由于主轴和轴承座材料 TC4 的热膨胀系数小于轴承材料 9Cr18 的,当交变温度升高时,热诱导预紧力增加,进而导致空间轴承进一步被压紧,径向间隙减小。

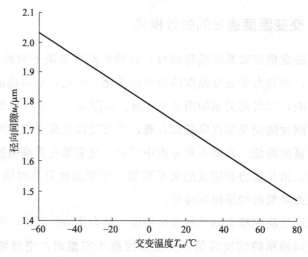

图 6-4   交变温度对径向间隙的影响

径向间隙对空间轴承性能影响很大，当径向间隙过小，空间轴承摩擦力矩急剧增大或"卡死"，甚至可能压坏滚珠；当径向间隙过大，精密轴系的回转精度和刚度降低，而且径向间隙越大轴承的使用寿命越小。由此可知：若初始径向间隙选择不合理，在环境温度降低时，轴承旋转精度和支撑刚度降低、使用寿命缩短，且温度越低，旋转精度和支撑刚度越低、使用寿命越短；在环境温度升高时，轴承径向间隙减小，摩擦力矩增大，甚至可能导致"卡死"失效。因此，径向间隙变化过大，空间轴承面临着精度失效或"卡死"失效，为避免此类失效的发生，应选择恰当的径向间隙和合适的配合过盈量。

接触角决定轴承的承载能力，而空间轴承的接触角与交变温度、预紧力、装配过盈量和精密轴系材料热学性能有关。假设轴承内圈与主轴间的过盈量为 $8\mu m$、外圈与轴承座的过盈量为 $5\mu m$，交变温度对空间轴承实际接触角的影响规律如图 6-5 所示。由图 6-5 可知：当交变温度低于室温时，接触角随交变温度降低而升高；当交变温度高于室温时，接触角随交变温度升高而降低。由于交变温度诱导空间轴承预紧力变化，不仅轴承间隙发生变化，而且接触角也随之改变。

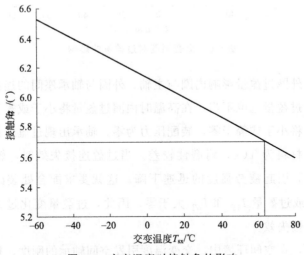

图 6-5　交变温度对接触角的影响

当空间沟道摩擦系数为 0.1，则摩擦角为 $\beta = \arctan\mu = 5.71°$，若轴承接触角 α_T 小于摩擦角时，空间轴承将面临自锁失效。结合图 6-5 可知，当空间环境温度高于 62℃时，空间轴承的实际接触角将小于摩擦角 β。因此，接触角变化过大，空间轴承面临着自锁失效。

假设在初始装配时，空间轴承的内圈与主轴间的配合方式为过盈配合，外圈与轴承座间的配合方式为过渡配合，内、外圈的过盈量分别为 $5\mu m$ 和 $-1.5\mu m$。在交变温度的作用下，内、外圈过盈量的变化规律如图 6-6 所示。由图 6-6 可知：交变温度升高时，内圈过盈量降低，而外圈过盈量升高；交变温度降低时，内圈过盈量升高，而外圈过盈量降低。这是由轴承、主轴和轴承座材料的热学特性决定的。温度变化时，热膨胀量不同而导致过盈量变化，过盈量的升高或降低与其配合处材料的热膨胀量大小有关。

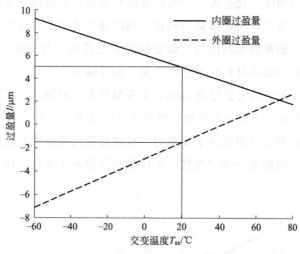

图 6-6　交变温度对过盈量的影响

　　轴承内、外圈过盈量影响内圈与主轴、外圈与轴承座间的连接与磨损。若内、外圈初始过盈量选取不当，在高温时内圈过盈量将小于或等于零；在低温时外圈过盈量将小于或等于零，装配压力为零，轴承出现过盈连接失效。由于主轴和轴承座材料为 TC4，耐磨性较差。当过盈连接失效时，轴承配合处将发生微动磨蚀，引起疲劳强度的迅速下降。这就要求配合处装配压力 p_{iT} 和 p_{oT} 大于零，或过盈量 I_{iT} 和 I_{oT} 大于零。因此，过盈量变化过大，空间轴承面临着过盈连接失效。

　　综上所述，在空间环境中，交变温度引发空间轴承的刚度、径向间隙、实际接触角、过盈量及第 5 章提到的预紧力变化，从而导致空间轴承面临着精度失效、"卡死"失效、自锁现象、过盈失效和预紧失效等。

6.2.3　适应交变温度的可靠性区域

　　交变温度引发空间轴承潜在的失效，主要由于初始装配过盈量和轴向预紧力选取不合理，因此，合理选择初始装配条件是避免潜在失效的基础。综合考虑精密轴系中各组件的材料属性、空间轴承的排列方式和预紧方式等因素，提出空间轴承运行可靠性区域，目的是为选择合理的初始装配过盈量和轴向预紧力提供理论参考和范围。由此得到了如图 6-7 所示的运行可靠性区域。

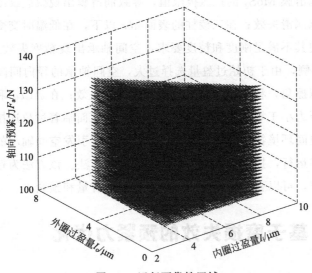

图 6-7　运行可靠性区域

图 6-7 中描绘了空间轴承初始装配的过盈量和预紧力的选择区域，但是运行可靠性区域的边界模糊不清。为了更清晰表达空间轴承的运行可靠性区域的边界，提取图 6-7 的边界并对其进行适当的修改，然后重新绘图，得到清晰的运行可靠性区域如图 6-8 所示。在图 6-8 中，X 轴为内圈过盈量，Y 轴为外圈

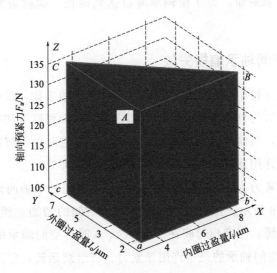

图 6-8　清晰的运行可靠性区域

过盈量，Z 轴为轴向预紧力，区域形状为三棱柱。

对运行可靠性区域进行分析可知：在极端温度条件下，在三棱柱的表面 ABC 以上，在高温时交变温度引发轴向预紧力升高，使其超出了空间轴承沟道表面固体润滑膜 MoS_2 的抗压极限值，导致润滑膜出现微裂纹或脱落，最终导致空间轴承润滑失效；在三棱柱的表面 abc 以下，在低温时交变温度引发预紧力降低，使其不满足刚度和精度要求，空间轴承出现精度失效或预紧失效；在 $BCcb$ 面外侧，由于初始过盈量选择过大，空间轴承的径向间隙小于零或者接触角小于摩擦角，将出现"卡死"现象或自锁失效；在 $ACca$ 和 $ABba$ 面外侧，配合处压力小于零而出现打滑现象，空间轴承面临着过盈连接失效。

为适应空间环境特殊性，避免或消除交变温度引发空间轴承的失效，保证精密轴系可靠运行，提出了运行可靠性区域分析方法。该方法为精密轴系设计提供新的思路，可以直观选择满足要求的过盈配合量和预紧力。

6.3　基于磨损失效的预紧力优化

在第 3 章研究中可知，空间轴承磨损失效因润滑膜磨损而导致空间轴承面临着润滑失效或预紧失效，具体的失效形式由初始预紧力决定。对于同一轴承，磨损失效只能是润滑失效和预紧失效中的一种，而这两种失效对应的轴承寿命分别为 T_1 和 T_2，则轴承使用寿命应为 T_1 和 T_2 中的较小值。本节将在此基础上，分析空间轴承在运行过程中的磨损失效形式及机理。由于初始预紧力决定着空间轴承寿命，为了使轴承寿命达到最长，这就需要对预紧力进行优化。

6.3.1　空间轴承磨损失效

在空间轴承运行中，需要检测一些重要物理量的参数，以此测量值超过许用值作为磨损失效的判定准则。这里将磨损后的润滑膜厚度和残余预紧力作为磨损失效的指标，当润滑膜厚度接近或小于零时，空间轴承润滑失效；当残余预紧力小于最小许用预紧力时，空间轴承出现预紧失效。

初始轴向预紧力为 150N 时，在磨损过程中空间轴承轴向预紧力随时间的磨损规律如图 6-9 所示。由图可知：随着磨损时间的增加，预紧力逐渐降低，降低趋势呈现减缓；当磨损时间在 17.8×10^3 h 时，空间轴承的预紧力降低到 70N，也是降到空间轴承的最小许用预紧力。若继续运转，空间轴承会因预紧力不足将出现振动，并发出噪声，而且工作精度无法满足预期的要求。同时空间轴承的振动可能引发航天机构颤抖，甚至航天机构整体失效。也就是说空间轴承运行 $17.8 \times 10^3 \mathrm{h}$，因预紧失效而使用寿命结束。

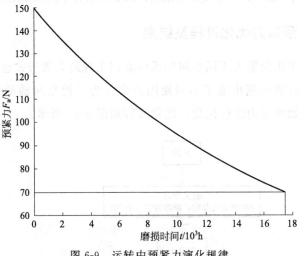

图 6-9　运转中预紧力演化规律

同样假设初始预紧力为 150N，在磨损过程中润滑膜的厚度随时间的演化规律如图 6-10 所示。由图 6-10 可知：润滑膜的厚度随磨损时间的增加而减小，而减小趋势逐渐变缓；当磨损时间为 $19.2 \times 10^3 \mathrm{h}$ 时，沟道表面的润滑膜被磨尽，轴承将进入干摩擦状态。在润滑膜被磨损殆尽，轴承摩擦力矩增加，温度也会升高。力矩增加可能会出现摩擦力矩接近或大于工作力矩，轴承"卡滞"或"卡死"；温度升高可能导致轴承烧伤或出现咬合现象。因此在润滑膜

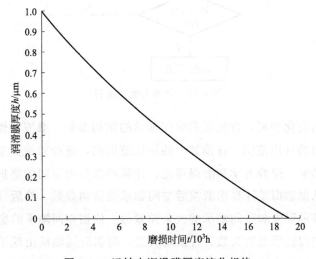

图 6-10　运转中润滑膜厚度演化规律

厚度接近或等于零时，空间轴承因润滑失效而轴承寿命结束。

综上所述，在运转过程中，因润滑膜的磨损，空间轴承将出现预紧失效或润滑失效。对于同一轴承，即使预紧力相同，因失效形式不同而使用寿命也不相同。

6.3.2 预紧力优化过程及结果

上述分析得出预紧力不同空间轴承因磨损出现的失效形式也不同，即使相同的预紧力因时效不同出现了不同使用寿命。为了使空间轴承的使用寿命最长，需要对初始预紧力进行优化，优化流程如图 6-11 所示。

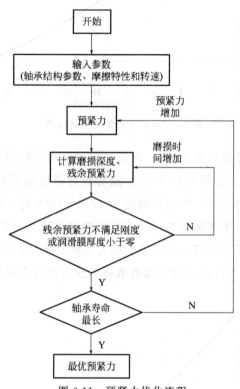

图 6-11　预紧力优化流程

在预紧力优化初期，首先根据空间轴承的结构参数、摩擦特性和转速，确定初始预紧力的许用范围。在预紧力的许用范围内，选择初始预紧力，再依据滚动轴承运动学、拟静力学和磨损理论，计算滚珠与沟道间的磨损量。在磨损的基础上，依据磨损量计算出磨损后空间轴承的结构参数，然后分别确定磨损后固体润滑膜的厚度和空间轴承的残余预紧力。依据空间轴承的磨损失效判定准则，判定空间轴承是否失效。若出现失效，判别空间轴承出现了何种磨损失效形式；若没出现失效，空间轴承继续运转磨损直至出现失效。在失效出现时，确定空间轴承的运转时间，此时间为轴承寿命。最后，比较不同预紧力下的磨损寿命，确定轴承寿命最长时对应的轴向预紧力，此预紧力为最优预紧力。

选择预紧力，应使轴承的支承刚度满足刚度要求，精密轴系的工作精度达到工作要求。由于工作环境恶劣及在轨维修、维护困难，这就要求航天机构的可靠性高、使用寿命长。因此，选择轴承预紧力不仅要满足工作要求，还要使轴承使用寿命越长越好。基于轴承使用寿命最长的目标，对轴承预紧力进行了优化，优化结果如图 6-12 所示。

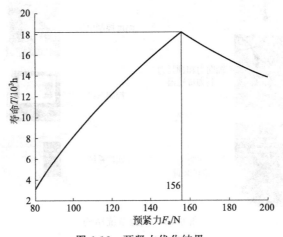

图 6-12 预紧力优化结果

对预紧力优化结果分析可知：在预紧力为 156N 时，轴承寿命为 18.2×10^3h，使用寿命达到了最长，此时对应的预紧力为最优预紧力。此预紧力大于满足刚度要求的最小预紧力 70N，且小于固体润滑层疲劳接触应力许用的最大预紧力 200N，满足预紧力工作要求，且在需要范围内。综上所述，对于精密轴系中的空间轴承 71807C 而言，156N 的初始预紧力为最优预紧力。预紧力不同，轴承失效形式及机理也不相同。在 80~156N 范围内，由于磨损后残余预紧力小于刚度要求的最小预紧力，从而导致空间轴承失效，即预紧失效；在 156~200N 范围内，由于固体润滑层被磨漏，导致空间轴承失效，即润滑失效。

6.4 实验总体设计

6.4.1 实验系统分析

在研究空间轴承失效模式及机理时，搭建了空间轴承预紧力测试实验平台，主要通过硬件和软件两部分采集、分析处理随交变温度变化的预紧力信号。这里主要从试验系统结构对其进行分析，如图 6-13 所示。

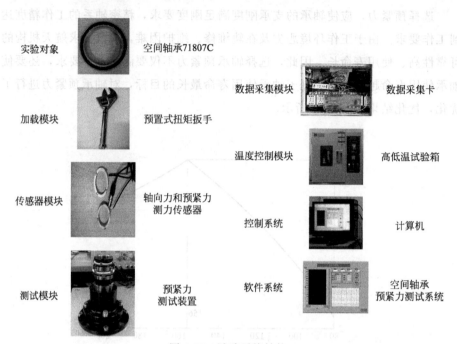

图 6-13　试验系统结构

(1) 实验对象

空间轴承是航天机构的最基本组成部分，也是构成其他组件的关键零部件。由于空间轴承工作环境的苛刻性，轴承材料选取了 9Cr18，内、外圈沟道及滚珠表面溅射 MoS_2 形成固体润滑膜，并采用 $Ti(Al, V)N$ 薄膜进行防冷焊和涂覆 TiN 薄膜进行耐磨处理。从结构来讲，空间轴承是一种内外圈壁薄、滚珠数目多的轴承，而且具有精度高、承载能力强等优点。

(2) 加载模块

进行测试前，需先给预紧力测试装置加载轴向预紧力。采用预置式扭矩扳手对空间轴承给定拧紧力矩，以便于锁紧螺母拧紧力矩与轴承预紧力关系的标定。加载时预设扭矩数值，当锁紧螺母的拧紧力矩达到预设数值时，可以听到"咔嗒"的讯号声，同时继续拧动时出现明显的振动，此时拧紧力矩施加完成。在作用力卸载后，扳手内的各相关零件都相继地自动复位。

(3) 传感器模块

传感器采用定制的 100kg-15mm 和 100kg-10mm 两种压力传感器，分别用于测试锁紧螺母施加于轴承上的轴向力和轴承实际预紧力。压力传感器的可

测频率范围为 $0.7\sim14000\,\mathrm{Hz}$，灵敏度为 $0.7391\,\mathrm{mV/N}$。压力每增加 $100\mathrm{N}$，输出 $0.7391\,\mathrm{mV}$ 的电压，然后输入到 14 位 A/D 采集卡。由于采用的是 14 位的 A/D 采集卡，那么采集到的原始数据总数为 $2^{14}=16384$。试验中采集电压范围为 $\pm5000\,\mathrm{mV}$，对应的最小转化电压为 $10000/16384=0.61(\mathrm{mV})$。

(4) 测试模块

测试模块主要由空间轴承、主轴、锁紧螺母、固定装置和传感器组成。在加载轴向力时，轴承预紧力的信息经传感器输出，信号被采集卡收集，软件模块分析显示测试的预紧力信息。测试模块是预紧力测试的主要装置，主要用于加载拧紧力矩而输出测试的预紧力。

(5) 数据采集模块

数据采集模块由信号放大器、滤波模块、采集卡这三部分组成。试验中采用基于 USB 总线的阿尔泰 USB2080 型采集卡，用于将预紧力和轴向力传感器的模拟信号经放大和滤波之后转化为数字信号。此采集卡的主要性能技术指标如表 6-1 所示。

表 6-1　USB2080 技术指标

序号	项目	内容
1	输入量程	$\pm5\mathrm{V}$、$\pm10\mathrm{V}$
2	采样速率	400kHz
3	转换精度	14 位
4	通道数	32 通道(单端),16 通道(双端)
5	工作主频	144MHz
6	非线性误差	$\pm1\mathrm{LSB}$(最大)
7	系统测量精度	0.1%
8	放大器增益误差	0.05%

(6) 温度控制模块

为模拟空间环境中的交变温度，采用高低温试验箱 H/GDW。在预紧力测试过程中，将试验箱内温度范围控制到 $-60\sim80\,^{\circ}\mathrm{C}$，且每个试验温度保持十分钟左右，以保证箱内温度稳定，预紧力信号稳定。其中高低温试验箱 H/GDW 的技术指标如表 6-2 所示。

表 6-2　H/GDW 技术指标

序号	项目	内容
1	工作室尺寸	350mm×350mm×400mm
2	温度范围	$-60\sim150\,^{\circ}\mathrm{C}$
3	温度波动度	$\leqslant\pm0.5\,^{\circ}\mathrm{C}$
4	温度均匀度	$\leqslant\pm2\,^{\circ}\mathrm{C}$
5	解析精度	$0.1\,^{\circ}\mathrm{C}$
6	升温速率	$1\sim3\,^{\circ}\mathrm{C}/\mathrm{min}$
7	降温速率	$0.7\sim1\,^{\circ}\mathrm{C}/\mathrm{min}$
8	电源	AC380V/50Hz

(7) 控制系统

控制存储和系统采用 Windows XP 操作系统，为数据存储和显示等功能实现提供一定的基础保证。

(8) 软件系统

软件系统主要包括数据采集、数据读取与存储、信号滤波与去噪、数据分析和预紧力与轴向力信息显示等。启动软件系统，通过控制界面将空间轴承预紧力转换成易于传输、处理、存储、显示和记录的电压信号。在发出采集命令后，采集卡开始采集试验数据；通过对实验数据进行分析，当试验数据满足条件后，进行数据存储；最后在显示界面显示轴承预紧力随交变温度变化的相应值。

6.4.2 预紧力测试步骤

依据上述试验系统结构和实验目的，建立交变温度影响空间轴承预紧力的测试系统如图 6-14 所示。在此基础上，对空间轴承预紧力进行测试，测试流程如图 6-15 所示，具体的试验步骤如下：

① 记录轴向力和预紧力传感器加载之前的初始电压，并将初始电压清零，将此作为试验电压的起点；

② 将 0～2N·m 的拧紧力矩均分为若干个加载点，并将其施加于预紧力测试装置；

③ 记录下对应每个加载点的传感器各测量分支输出电压，并将预紧力测试装置安置于高低温试验箱内；

④ 调整试验箱内的温度，使其在 −60～80℃ 变化，且将其每隔 5℃ 划分为 28 个试验温度点，在每个温度稳定后并保持十几分钟，从初始温度 20℃ 升高到 80℃，再从 80℃ 降低到 −60℃；

数据显示　直流电源　信号采集系统　高低温试验箱　箱内温度

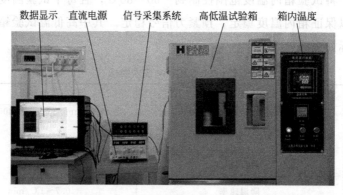

图 6-14　交变温度下预紧力测试系统

⑤ 在步骤④温度稳定后，记录下高低温试验箱内的温度、轴向力和预紧力传感器的输出电压；

⑥ 依照步骤④、⑤所述，依此调整试验箱内温度，并记录实验数据；

⑦ 依照步骤③～⑤所述，进行另一个拧紧力矩下的预紧力的变化试验，并记录试验数据；

⑧ 检查并处理试验数据，将不同拧紧力矩和不同交变温度下的预紧力绘制成曲线，以便后续分析。

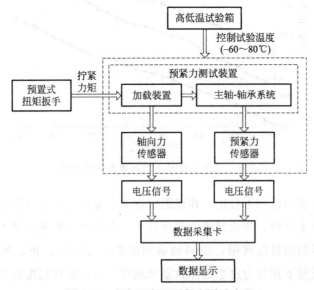

图 6-15　交变温度下预紧力测试流程

6.5　基于热变形减缓预紧失效

在空间环境中，组成精密轴系的各部件对环境因素的敏感程度不同。所以，在精密轴系设计时不仅要考虑环境因素的综合作用，还需要根据精密轴系结构分析环境因素对其性能的影响程度，抓住主要影响因素。在环境因素中，交变温度为影响机构的主要因素。交变温度引发各部件热变形，导致空间轴承预紧力变化，进而影响机构的性能。在热变形的基础上，采取一定的措施减缓或消除空间轴承热诱导预紧力，防止交变温度对精密轴系的性能影响。

6.5.1　热预紧力演化实验结果

在实验中，初始预紧力分别选择 120N、150N 和 170N，交变温度引发空间轴承产生预紧力变化，其变化规律如图 6-16 所示。由图 6-16 可知：交变温度和预紧力正相关，即预紧力随交变温度升高而升高；而不同预紧力的演化规律相同，只是在极限温度下预紧力不同。

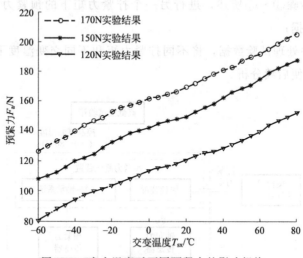

图 6-16　交变温度对不同预紧力的影响规律

若初始预紧力选取不合适，在极限温度下可能因交变温度引发预紧力变化而导致空间轴承失效。初始预紧力选择较大，在极限高温下预紧力过大而大于沟道表面润滑膜的抗压极限，空间轴承面临着润滑失效；初始预紧力选择较小，在极限低温下预紧力过小而导致轴承刚度不足、旋转精度丧失，空间轴承面临着预紧失效或精度失效。

6.5.2　减缓热预紧力的方法

预紧力变化时，精密轴系的动力学性能不稳定。为了使轴系性能稳定，预紧力变化范围越小越好。而交变温度引发预紧力变化由于轴系各组件的热变形不同，导致滚珠压缩变形量改变。因此，在不改变精密轴系结构的基础上，基于热变形减小或消除滚珠压缩变形量变化，从而达到减缓热预紧力的目的。

在不改变精密轴系结构的基础上，选择不同材料的隔套。当隔套材料的热膨胀系数不同时，交变温度对空间轴承热预紧力的影响规律也不相同，具体影响规律如图 6-17 所示。从图 6-17 中预紧力的变化趋势可知：当隔套材料的热膨胀系数小于 $7 \times 10^{-6} \mathrm{m/°C}$ 时，空间轴承的热预紧力随交变温度升高而减小；当隔套材料的热膨胀系数大于 $8 \times 10^{-6} \mathrm{m/°C}$ 时，空间轴承的热预紧力随交变温度升高而增大。对比不同热膨胀系数的隔套材料对空间轴承热预紧力的影响可知：在热膨胀系数小于 7×10^{-6} m/℃时，热膨胀系数增加，热预紧力随交变温度的变化率减小；在热膨胀系数大于 8×10^{-6} m/℃时，热膨胀系数增加，热预紧力随交变温度的变化率增大。由此可知：隔套材料的热膨胀系数在 $7 \times 10^{-6} \sim 8 \times 10^{-6}$ m/℃，存在交变温度变化而热预紧力不变化的现象。即在此区间内，热预紧力被大幅度降低，同时存在交变温度激励引起的热预紧力被消除的热膨胀系数。

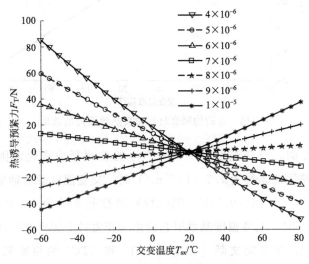

图 6-17　不同隔套材料下热诱导预紧力

　　对图 6-17 中热诱导预紧力变化规律分析可知：在隔套材料的热膨胀系数小于 7×10^{-6} m/℃时，当交变温度高于室温且升高，主轴长度的热变形量大于轴承外圈宽度和隔热长度热变形量，轴承轴向压缩变形量变小，预紧力减小，也即交变温度激励产生负热预紧力；同理可知，当交变温度低于室温且降低时，交变温度激励热预紧力增大。在隔套材料的热膨胀系数大于 8×10^{-6} m/℃时，当交变温度高于室温且升高，主轴长度的热变形量小于轴承外圈宽度和隔热长度热变形量，轴承轴向压缩变形量变大，交变温度激励产生热预紧力；同理可知，当交变温度低于室温且降低时，交变温度激励热预紧力减小。

　　结合图 6-17 的分析，热诱导预紧力太大可能导致轴承润滑失效或预紧失效。为解决轴承失效的问题，在不改变精密轴系结构的基础上，要选择合适的隔套材料来减缓或消除预紧力变化。

　　在热膨胀系数为 $7 \times 10^{-6} \sim 8 \times 10^{-6}$ m/℃范围内，选择合适的隔套材料减缓轴承热预紧力，其中减缓预紧力效果较优的如图 6-18 所示。材料热膨胀系数为

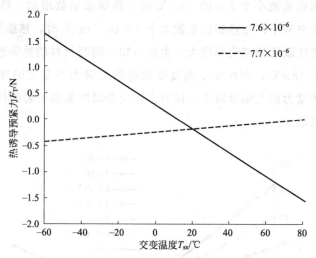

图 6-18　合适的隔套材料减缓热预紧力的效果

$7.6 \times 10^{-6} \text{m}/℃$ 时，交变温度激励轴承产生的热预紧力变化范围为 $-1.56 \sim$ 1.63N；材料热膨胀系数为 $7.7 \times 10^{-6} \text{m}/℃$ 时，交变温度激励轴承产生热预紧力的变化范围为 $-0.48 \sim 0.13 \text{N}$。隔套材料热膨胀系数为 $7.6 \times 10^{-6} \text{m}/℃$ 和 $7.7 \times 10^{-6} \text{m}/℃$ 时，交变温度激励引起的热预紧力被大幅度减缓或消除。

　　结合图 6-18 并参阅文献 [191]，TA12 和 ZTC5 的热膨胀系数分别为 $7.6 \times 10^{-6} \text{m}/℃$ 和 $7.4 \times 10^{-6} \text{m}/℃$，适合制作隔套来减缓空间轴承的热预紧力。同时，若有热膨胀系数为 $7.7 \times 10^{-6} \text{m}/℃$ 的合金，热预紧力可以被减小到接近被消除。

6.6　小结

　　本章介绍了交变温度下轴承预紧力演化规律测试系统的设计与开发。根据空间滚动预紧力测试的要求，搭建出测试系统硬件平台。依据第 3～5 章的理论分析，全面研究了空间环境下空间轴承面临的潜在失效模式及失效机理。为了提高空间轴承的可靠性，减少空间轴承失效，针对具体的失效模式提出相应的消除和减缓失效的措施，并得到以下结论：

　　① 交变温度激励空间轴承产生热预紧力，隔套材料热膨胀系数小于 $7 \times 10^{-6} \text{m}/℃$ 时，热预紧力与交变温度负相关；热膨胀系数大于 $8 \times 10^{-6} \text{m}/℃$ 时，热预紧力与交变温度正相关。基于热变形，提出了一种选取合适隔套材料来减缓或消除空间轴承热预紧力的方法。隔套材料热膨胀系数为 $7.6 \times$

10^{-6} m/℃ 和 7.7×10^{-6} m/℃ 时，交变温度激励引起的热预紧力被大幅度减缓或消除。TA12 和 ZTC5 的热膨胀系数分别为 7.6×10^{-6} m/℃ 和 7.4×10^{-6} m/℃，适合制作隔套来减缓空间轴承的热预紧力。

② 以使用寿命最长为目标，将残余预紧力不足或固体润滑膜磨损失效作为寿命终点，提出固体润滑空间轴承预紧力优化的新方法，确定了轴向预紧力的许用范围为 60～200N。在此范围内对预紧力进行优化，并得到最优预紧力为 156N。不同预紧力影响轴承失效机理不同，预紧力小于 156N 时，因磨损后残余预紧力不足而导致预紧失效；预紧力大于 156N 时，由固体润滑层被磨漏，引起润滑失效。

③ 空间轴承在运行过程中，因润滑膜的磨损空间轴承面临着润滑失效和预紧失效。在交变温度作用下，空间轴承面临预紧失效、精度失效、"卡滞"或"卡死"失效、自锁现象、润滑失效和过盈连接失效。

④ 为适应交变温度、大温差环境，提出一种运行可靠性区域设计方法，以此确定满足可靠运行条件的初始装配过盈量和预紧力，分析了运行可靠性区域外不同区域的各种失效原因。

参 考 文 献

[1] 吕震宙，宋述芳，李洪双，等.结构机构可靠性及可靠性灵敏度分析 [M].北京：科学出版社，2009：1-3.

[2] CHYBOWSKI L, ŻÓŁKIEWSKI S. Basic Reliability Structures of Complex Technical Systems [M]. New Contributions in Information Systems and Technologies. Springer International Publishing，2015：333-342.

[3] KOLOWROCKI K, SOSZYNSKA-BUDNY J. Reliability and safety of complex technical systems and processes：modeling-identification-prediction-optimization [M]. Springer Publishing Company，Incorporated，2013.

[4] LEWIS S D, ANDERSON M J, HASLEHURST A. Recent developments in performance and life testing of self-lubricating bearings for long-life applications [C]. Proceedings of the 12th European Space Mechanisms and Tribology Symposium，Liverpool，UK. 2007：19-21.

[5] HIRAOKA N. Wear life mechanism of journal bearings with bonded MoS_2 film lubricants in air and vacuum [J]. Wear，2001，249 (10)：1014-1020.

[6] 赵庆.航天电机用轴承的疲劳寿命试验及失效行为分析 [D].哈尔滨：哈尔滨工业大学，2010：10-18.

[7] 赵琦.真空低温环境下轴承材料 GCr15 摩擦与润滑性能研究 [D].哈尔滨：哈尔滨工业大学，2008：35-53.

[8] 薛群基，吕晋军.高温固体润滑研究的现状及发展趋势 [J].摩擦学学报，1999，19 (1)：91-96.

[9] SLINEY H E. Solid lubricant materials for high temperatures——a review [J]. Tribology International，1982，15 (5)：303-315.

[10] 于登云，杨建中.航天器机构技术 [M].北京：中国科学技术出版社，2011：13-26.

[11] TAFAZOLI M. A study of on-orbit spacecraft failures [J]. Acta Astronautica，2009，64 (2)：195-205.

[12] 张森，石军，王九龙.卫星在轨失效统计分析 [J].航天器工程，2010 (4)：41-46.

[13] TIBERT G. Deployable tensegrity structures for space applications [M]. Royal Institute of Technology，2002：9-32.

[14] HYLAND D C, JUNKINS J L, LONGMAN R W. Active Control Technology for Large Space Structures [J]. Journal of Guidance，Control，And Dynamics，1993，16 (5)：801-821.

[15] 马兴瑞，王本利，苟兴宇.航天器动力学——若干问题进展及应用 [M].北京：科学出版社，2001：15-100.

[16] BEDINGFIELD K, LEACH R D, ALEXANDER M B. Spacecraft system failures and anomalies attributed to the natural space environment [J]. 1996：1-43.

[17] 马品仲.空间望远镜研究与"哈勃"介绍 [J].光学精密工程，1994，2 (6)：67-74.

[18] 朱光武，李保权.空间环境对航天器的影响及其对策研究 [J].上海航天，2002，19 (4)：1-7.

[19] 朱光武，李保权.空间环境对航天器的影响及其对策研究（续）[J].上海航天，2002，19 (5)：9-16.

[20] WU J G, ELIASSON L, LUNDSTEDT H, et al. Space environment effects on geostationary spacecraft: Analysis and prediction [J]. Advances in Space Research, 2000, 26 (1): 31-36.

[21] 龚自正, 曹燕, 侯明强, 等. 空间环境及其对航天器的影响与防护技术 [C]. 中国数学力学物理学高新技术交叉研究学会第十二届学术年会论文集, 峨眉山, 2008: 287-288.

[22] 文森特·L·皮塞卡. 空间环境及其对航天器的影响 [M]. 张育林, 陈小前, 闫野, 译. 北京: 中国国防出版社, 2010: 272-325.

[23] 薛玉雄, 杨生胜, 把得东, 等. 空间辐射环境诱发航天器故障或异常分析 [J]. 真空与低温, 2012, 18 (2): 63-70.

[24] 刘磊, 马军, 郑玉权. 空间微重力下离轴三反相机离焦范围 [J]. 中国光学, 2014, 7 (2): 320-325.

[25] BEVANS J T, ISHIMOTO T. Temperature variance in spacecraft thermal analysis [J]. Journal of Spacecraft and Rockets, 1968, 5 (11): 1372-1376.

[26] 张森森, 王世杰, 李雄耀, 等. 月尘的性质及危害评述 [J]. 地球科学——中国地质大学学报, 2013, 38 (2): 339-350.

[27] LIOU J C. USA space debris environment, operations, and measurement updates [J]. 2015: 1-14.

[28] 马明臻, 张新宇, 谭春林, 等. 航天机构潜在故障模式与故障机理分析 [J]. 燕山大学学报, 2014, 38 (1): 1-9.

[29] 陈烈民. 航天器结构与机构 [M]. 北京: 中国科学技术出版社, 2008: 20-37.

[30] 赵传国. 滚动轴承失效分析概论 [J]. 轴承, 1996, 1: 39-46.

[31] 关文秀, 姜涛, 陶春虎, 等. 从失效案例分析轴承的早期失效 [J]. 材料工程, 2012 (12): 14-20.

[32] 杨国安. 滚动轴承故障诊断实用技术 [M]. 北京: 中国石化出版社, 2012: 18-144.

[33] SATHYAN K, GOPINATH K, LEE S H, et al. Bearing Retainer Designs and Retainer Instability Failures in Spacecraft Moving Mechanical Systems [J]. Tribology Transactions, 2012, 55 (4): 503-511.

[34] BISSON E E. Friction and bearing problems in the vacuum and radiation environments of space [J]. Advanced Bearing Technology, NASA SP-38, 1965: 259-287.

[35] KANNEL J W, DUFRANE K F. Rolling element bearings in space [J]. The 20th Aerospace Mechanisms Symposium, NASA CP-2423, 1986: 121-132.

[36] 于德洋, 汪晓萍, 吴玉山. 精密角接触球轴承的固体润滑失效分析 [J]. 摩擦学学报, 1995, 15 (4): 310-317.

[37] 刘朋威. 固体润滑滚动轴承精度失效分析 [D]. 重庆: 重庆大学, 2012: 39-50.

[38] WU J, ZHAO H, CUI J. Design and testing of alterable preload running-in system of solid lubricated bearings [C]// International Symposium on Precision Engineering Measurement and Instrumentation 2012. International Society for Optics and Photonics, 2013: 875918-875918-6.

[39] WARDLE F P. Vibration forces produced by waviness of the rolling surfaces of thrust loaded ball bearings Part 2: experimental validation [J]. Proceedings of the Institution of Mechanical Engi-

neers, Part C: Journal of Mechanical Engineering Science, 1988, 202 (5): 313-319.

[40] XU L, LI Y. Modeling of a deep-groove ball bearing with waviness defects in planar multibody system [J]. Multibody System Dynamics, 2014: 1-30.

[41] 顾晓辉, 杨绍普, 刘永强, 等. 表面波纹度对滚动轴承-转子系统非线性振动的影响 [J]. 振动与冲击, 2014, 33 (8): 109-114.

[42] 王晓力, 桂长林. 计入表面粗糙度效应的动载轴承的润滑分析 [J]. 机械工程学报, 2000, 36 (1): 27-31.

[43] LIN J R. Surface roughness effect on the dynamic stiffness and damping characteristics of compensated hydrostatic thrust bearings [J]. International Journal of Machine Tools and Manufacture, 2000, 40 (11): 1671-1689.

[44] SIDDANGOUDA A, BIRADAR T V, NADUVINAMANI N B. Combined effects of micropolarity and surface roughness on the hydrodynamic lubrication of slider bearings [J]. Journal of the Brazilian Society of Mechanical Sciences and Engineering, 2014, 36 (1): 45-58.

[45] 余益斌. 虚拟仪器技术在轴承故障诊断中的应用研究 [D]. 武汉: 武汉理工大学, 2005: 4-5.

[46] 彭玉才, 李明章, 刘飞飞. 滚动表面误差激励的球轴承振动分析 [J]. 哈尔滨工业大学学报, 1990, 8 (4): 95-103.

[47] KIRK R G. The Influence of Manufacturing Tolerances on Multi-Lobe Bearing Performance in Turbomachinery [J]. Topics in Fluid Film Bearing and Rotor Bearing System Design and Optimization, 1978: 108-129.

[48] COE H H, ZARETSKY E V. Effect of interference fits on roller bearing fatigue life [J]. ASLE transactions, 1987, 30 (2): 131-140.

[49] 王硕桂, 夏源明. 过盈配合量和预紧力对高速角接触球轴承刚度的影响 [J]. 中国科学技术大学学报, 2007, 36 (12): 1314-1320.

[50] ALFARES M A, ELSHARKAWY A A. Effects of axial preloading of angular contact ball bearings on the dynamics of a grinding machine spindle system [J]. Journal of Materials Processing Technology, 2003, 136 (1): 48-59.

[51] GUNDUZ A, DREYER J T, SINGH R. Effect of bearing preloads on the modal characteristics of a shaft-bearing assembly: Experiments on double row angular contact ball bearings [J]. Mechanical Systems and Signal Processing, 2012, 31: 176-195.

[52] YADAV H K, UPADHYAY S H, HARSHA S P. Nonlinear Dynamic Analysis of High Speed Unbalanced Rotor Supported on Deep Groove Ball Bearings Considering the Preload Effect [C]. Proceedings of International Conference on Advances in Tribology and Engineering Systems. Springer India, 2014: 481-490.

[53] TIWARI M, GUPTA K, PRAKASH O. Effect of radial internal clearance of a ball bearing on the dynamics of a balanced horizontal rotor [J]. Journal of sound and vibration, 2000, 238 (5): 723-756.

[54] LAZOVIC T, MITROVIC R, RISTIVOJEVIC M. Influence of internal radial clearance on the ball bearing service life [J]. Journal of the Balkan Tribological Association, 2014, 16 (1).

[55] OSTROVSKAYA Y L，YUKHNO T P，GAMULYA G D，et al. Low temperature tribology at the B. Verkin Institute for Low Temperature Physics & Engineering (historical review) [J]. Tribology international，2001，34 (4)：265-276.

[56] WANG L，SNIDLE R W，GU L. Rolling contact silicon nitride bearing technology：a review of recent research [J]. Wear，2000，246 (1)：159-173.

[57] NOSAKA M，OIKE M，KAMIJO K，et al. Experimental study on lubricating performance of self-lubricating ball bearings for liquid hydrogen turbopumps [J]. Lubrication engineering，1988，44 (1)：30-44.

[58] 党鸿辛，高金堂. 空间技术用固体润滑的发展现状与展望 [J]. 摩擦学学报，1992，12 (2)：105-109.

[59] 闻凌峰. 真空环境中固体润滑轴承损伤机理研究 [D]. 哈尔滨：哈尔滨工业大学，2009：2-15.

[60] WILLIAMS J A，HYNCICA A M. Mechanisms of abrasive wear in lubricated contacts [J]. Wear，1992，152 (1)：57-74.

[61] 李新立，刘志全，遇今. 航天器机构固体润滑球轴承磨损失效模型 [J]. 航天器工程，2008，17 (4)：109-113.

[62] ZOU Q，HUANG P. Abrasive wear model for lubricated sliding contacts [J]. Wear，1996，196 (1)：72-76.

[63] 刘庭伟，张宁，梁伟，等. 长寿命卫星活动机构固体润滑轴承特性 [J]. 计算机辅助工程，2013，22 (A01)：247-252.

[64] 刘庭伟，张宁，梁伟，等. 星载活动部件用轴承的失效仿真分析及试验验证 [J]. 中国机械工程，2014，25 (21)：2864-2868.

[65] GARDOS M N. Theory and practice of self-lubricated，oscillatory bearing for high-vacuum applications Part I：selection of the self-lubricating composite retainer material [J]. Lubrication Engineering，1981，37 (11)：641-656.

[66] MEEKS C R. Theory and practice of self-lubricated，oscillatory bearing for high-vacuum applications Part II：Accelerated life tests and analysis of bearings [J]. Lubrication Engineering，1981，37 (10)：592-602.

[67] WARHADPANDE A，LEONARD B，SADEGHI F. Effects of fretting wear on rolling contact fatigue life of M50 bearing steel [J]. Proceedings of the Institution of Mechanical Engineers，Part J：Journal of Engineering Tribology，2008，222 (2)：69-80.

[68] 裴礼清，赵丽萍. 滚动轴承微动磨损导致的振动分析 [J]. 轴承，2004 (5)：23-27.

[69] HIRAOKA N. Wear life mechanism of journal bearings with bonded MoS_2 film lubricants in air and vacuum [J]. Wear，2001，249 (10)：1014-1020.

[70] 宋宝玉，古乐，邢恩辉. 真空条件下 GCr15 钢摩擦磨损性能研究 [J]. 哈尔滨工业大学学报，2004，36 (2)：238-241.

[71] BURT R R，LOFFI R W. Failure analysis of international space station control moment gyro [C]. 10th European Space Mechanisms and Tribology Symposium. 2003，524：13-25.

[72] 胡鹏浩，费业泰，黄其圣. 滚动轴承最佳工作游隙的确定 [J]. 仪器仪表学报，2002 (z3)：

33-35.

[73] 徐志栋，杨伯原，李建华，等. 航天轴承在较高温度下摩擦力矩特性的试验研究 [J]. 润滑与密封，2008 (3).

[74] BANERJI A, BHOWMICK S, ALPAS A T. High temperature tribological behavior of W containing diamond-like carbon （DLC） coating against titanium alloys [J]. Surface and Coatings Technology, 2014, 241: 93-104.

[75] GAMULYA G D, KOPTEVA T A, LEBEDEVA I L, et al. Effect of low temperatures on the wear mechanism of solid lubricant coatings in vacuum [J]. Wear, 1993, 160 （2）: 351-359.

[76] YUKHNO T P, VVEDENSKY Y V, SENTYURIKHINA L N. Low temperature investigations on frictional behaviour and wear resistance of solid lubricant coatings [J]. Tribology International, 2001, 34 （4）: 293-298.

[77] HWANG Y K, LEE C M. A review on the preload technology of the rolling bearing for the spindle of machine tools [J]. International Journal of Precision Engineering and Manufacturing, 2010, 11 （3）: 491-498.

[78] CARMICHAEL G D T, DAVIES P B. Measurement of thermally induced preloads in bearings [J]. Strain, 1970, 6 （4）: 162-165.

[79] TU J F, STEIN J L. Active thermal preload regulation for machine tool spindles with rolling element bearings [J]. Journal of manufacturing science and engineering, 1996, 118 （4）: 499-505.

[80] 王智，郭万存. 空间臂式补偿机构轴承预紧力与系统刚度关系分析 [J]. 中国光学，2014, 7 （6）: 989-995.

[81] MEEKS C R, BOHNER J. Predicting life of solid-lubricated ball bearings [J]. ASLE transactions, 1986, 29 （2）: 203-213.

[82] LUNDBERG G, PALMGREN A. Dynamic capacity of rolling bearings [J]. Journal of Applied Mechanics-Transactions of the ASME, 1949, 16 （2）: 165-172.

[83] International Organization for Standardization, Rolling Bearings Dynamic Load Ratings and Rating Life [P], ISO281/I, 1977 （E）.

[84] DOWLING N E. Notched member fatigue life predictions combining crack initiation and propagation [J]. Fatigue & Fracture of Engineering Materials & Structures, 1979, 2 （2）: 129-138.

[85] PARIS P C, GOMEZ M P, ANDERSON W E. A rational analytic theory of fatigue [J]. The trend in engineering, 1961, 13 （1）: 9-14.

[86] PARIS P C. The Growth of Cracks due to Variations in Load [D]. Dissertation, Lehigh University, 1962: 1-237.

[87] GEBRAEEL N, LAWLEY M, LIU R, et al. Residual life predictions from vibration-based degradation signals: a neural network approach [J]. Industrial Electronics, IEEE Transactions on, 2004, 51 （3）: 694-700.

[88] SUN C, ZHANG Z, He Z. Research on bearing life prediction based on support vector machine and its application [C]. Journal of Physics: Conference Series. IOP Publishing, 2011, 305 （1）: 012028.

[89] HUANG R，XI L，LI X，et al. Residual life predictions for ball bearings based on self-organizing map and back propagation neural network methods [J]. Mechanical Systems and Signal Processing，2007，21 (1)：193-207.

[90] 奚立峰，黄润青，李兴林，等. 基于神经网络的球轴承剩余寿命预测 [J]. 机械工程学报，2007，43 (10)：137-143.

[91] 张苗. 滚动轴承磨损区域静电监测技术及寿命预测方法研究 [D]. 南京：南京航空航天大学，2013：86-100.

[92] ZHANG C，WANG S，BAI G. An accelerated life test model for solid lubricated bearings based on dependence analysis and proportional hazard effect [J]. Acta Astronautica，2014，95：30-36.

[93] 徐东，徐永成，陈循，等. 滚动轴承加速寿命试验技术研究 [J]. 国防科技大学学报，2010，32 (6)：122-129.

[94] 胡鹏浩，费业泰. 考虑受力变形和受热变形的滚动轴承初始游隙的确定 [J]. 机械设计，1999，16 (9)：41-43.

[95] WILSON S，ALPAS A T. Effect of temperature on the sliding wear performance of Al alloys and Al matrix composites [J]. Wear，1996，196 (1)：270-278.

[96] HARRIS T A，KOTZLAS M N. Rolling bearing analysis [M]. Boca Raton (FL) CRC Press，2007：395-411.

[97] ELLAHI R. The effects of MHD and temperature dependent viscosity on the flow of non-Newtonian nanofluid in a pipe：analytical solutions [J]. Applied Mathematical Modelling，2013，37 (3)：1451-1467.

[98] 杨咸启. 用边界元法分析滚动轴承热传导 [J]. 轴承，1990 (4)：53-57.

[99] ROLFES R，ROHWER K. Integrated thermal and mechanical analysis of composite plates and shells [J]. Composites Science and Technology，2000，60 (11)：2097-2106.

[100] 王燕霜，刘喆，祝海峰. 轴连轴承温度场分析 [J]. 机械工程学报，2011，47 (17)：84-91.

[101] AI S，WANG W，WANG Y，et al. Temperature rise of double-row tapered roller bearings analyzed with the thermal network method [J]. Tribology International，2015，87：11-22.

[102] 翁立军，汪晓萍，李陇旭，等. 谐波齿轮传动减速器的固体润滑失效机理 [J]. 摩擦学学报，1997，17 (2)：178-181.

[103] 刘朋威. 固体润滑滚动轴承精度失效分析 [D]. 重庆：重庆大学，2012：39-50.

[104] 邱明，陈龙，李迎春. 轴承摩擦学原理及应用 [M]. 北京：国防工业出版社，2012：45-52.

[105] ARCHARD J F. Contact and rubbing of flat surfaces [J]. Journal of applied physics，1953，24 (8)：981-988.

[106] BAYER R G. Mechanical wear prediction and prevention [J]. Marcel Dekker，New York，1994，40 (2)：321-402.

[107] КРАГЕЛЬВСКИЙ И В，ДОБЫЧИН М Н，КОМБАЛОВ В С. Основый расчетов на трение и износ [M]. Машиностроение，1977：68-120.

[108] PARK D，KOLIVAND M，KAHRAMAN A. An approximate method to predict surface wear of hypoid gears using surface interpolation [J]. Mechanism and Machine Theory，2014，71：64-78.

[109] LIU C H, CHEN X Y, GU J M, et al. High-speed wear lifetime analysis of instrument ball bearings [J]. Proceedings of the Institution of Mechanical Engineers, Part J: Journal of Engineering Tribology, 2009, 223 (3): 497-510.

[110] 宿月文, 陈渭, 朱爱斌, 等. 铰接副磨损与系统动力学行为耦合的数值分析 [J]. 摩擦学学报, 2009, 29 (1): 50-54.

[111] HARRIS T A, KOTZALAS M N. Rolling Bearing Analysis: Essential Concepts of Bearing Technology [M]. CRC Press, Taylor & Francis Group: Boca Raton, FL, 2006: 135-159.

[112] 卜长根, 王成彪. 矿用牙轮钻头的径向游隙对轴承寿命的影响 [J]. 机械工程学报, 2001, 37 (2): 26-29.

[113] TIWARI M, GUPTA K, PRAKASH O. Effect of radial internal clearance of a ball bearing on the dynamics of a balanced horizontal rotor [J]. Journal of sound and vibration, 2000, 238 (5): 723-756.

[114] 许立新, 李永刚, 李充宁, 等. 轴承间隙及柔性特征对机构动态误差的影响分析 [J]. 机械工程学报, 2012, 48 (7): 30-36.

[115] 邵志宇, 冯顺山, 孙汉旭. 耐受大温差的转动连接分析与设计方法 [J]. 机械工程学报, 2010 (17): 165-171.

[116] 崔朝探. 空间关节的轴承间隙演化规律研究 [D]. 秦皇岛: 燕山大学, 2014: 25-69.

[117] 刘晓初. 有效过盈量对轴承径向工作游隙的影响 [J]. 轴承, 1996, 11: 11-12.

[118] 白争锋. 考虑铰间间隙的机构动力学特性研究 [D]. 哈尔滨: 哈尔滨工业大学, 2011: 95-106.

[119] 王金伟, 赵丹, 李倩. 预紧力对滚动轴承游隙的影响 [J]. 纺织器材, 2008, 34 (6): 28-30.

[120] HWANG Y K, LEE C M. A review on preload technology of the rolling bearing for the spindle of machine tools [J]. International Journal of Precision Engineering and Manufacturing, 2010, 11 (3): 491-498.

[121] KRAUS J, BLECH J J, BRAUN S G. In situ determination of rolling bearing stiffness and damping by modal analysis [J]. Journal of Vibration and Acoustics, 1987, 109 (3): 235-240.

[122] 王硕桂, 夏源明. 过盈配合量和预紧力对高速角接触球轴承刚度的影响 [J]. 中国科学技术大学学报, 2007, 36 (12): 1314-1320.

[123] 司圣洁. 空间关节的轴承预紧及其动态特性研究 [D]. 哈尔滨: 哈尔滨工业大学, 2010: 49-67.

[124] HU T, YIN G, DENG C. Approach to Study Bearing Thermal Preload Based on the Thermo-Mechanical Information Interaction Net [J]. International Journal of Control & Automation, 2014, 7 (7).

[125] 刘良勇. 动量轮轴承磨损寿命研究 [D]. 洛阳: 河南科技大学, 2011: 7-18.

[126] TSAI P C, CHENG C C, HWANG Y C. Ball screw preload loss detection using ball pass frequency [J]. Mechanical Systems and Signal Processing, 2014, 48 (1): 77-91.

[127] HADFIELD M, STOLARSKI T A. The effect of the test machine on the failure mode in lubricated rolling contact of silicon nitride [J]. Tribology International, 1995, 28 (6): 377-382.

[128] DELLACORTE C, LUKASZEWICZ V, VALCO M J, et al. Performance and durability of

high temperature foil air bearings for oil-free turbomachinery [J]. Tribology transactions，2000，43（4）：774-780.

[129] STEIN J L，TU J F. A state-space model for monitoring thermally induced preload in anti-friction spindle bearings of high-speed machine tools [J]. Transactions-American Society of Mechanical Engineers Journal of Dynamic Systems Measurement and Control，1994，116：372-372.

[130] BAI CQ，XU Q Y. Dynamic model of ball bearings with internal clearance and waviness [J]. Journal of Sound and Vibration，2006，294（1）：23-48.

[131] MCFADDEN P D，SMITH J D. Model for the vibration produced by a single point defect in a rolling element bearing [J]. Journal of sound and vibration，1984，96（1）：69-82.

[132] WILLIAMS T，RIBADENEIRA X，BILLINGTON S，et al. Rolling element bearing diagnostics in run-to-failure lifetime testing [J]. Mechanical Systems and Signal Processing，2001，15（5）：979-993.

[133] UTPAT A，INGLE R B，NANDGAONKAR M R. A Model for Study of the Defects in Rolling Element Bearings at Higher Speed by Vibration Signature Analysis [J]. World Academy of Science，Engineering and Technology，2009，32：130-136.

[134] 于登云，杨建忠. 航天器机构技术 [M]. 北京：中国科学技术出版社，2011：27-31.

[135] 邓四二，李兴林，汪久根，等. 角接触球轴承摩擦力矩特性研究 [J]. 机械工程学报，2011，47（5）：114-120.

[136] HOUERPT L. Ball bearing and tapered roller bearing torque：Analytical，numerical and experimental results [J]. Tribology Transactions，2002，45（3）：156-163.

[137] 周晓文，丁长安，李鸣鸣，等. 角接触球轴承摩擦力矩试验研究 [J]. 轴承，1996，6：27-30.

[138] HOUPERT L. Ball bearing and tapered roller bearing torque：analytical，numerical and experimental results [J]. Tribology Transactions，2002，45（3）：345-353.

[139] 蒋蔚，周彦伟，梁波. 配对角接触轴承刚度和摩擦力矩分析计算 [J]. 轴承，2006（8）：1-3.

[140] HARRIS T，KOTZALAS M. Rolling bearing analysis，advanced Concepts of Bearing Technology [M]. 5th ed.，CRC Press，Boca Raton，USA，2007：289-295.

[141] 杨世铭，陶文铨. 传热学 [M]. 3版. 北京：高等教育出版社，1999：28-36.

[142] HARRIS T A，KOTZALAS M N. Rolling bearing analysis，essential concepts of bearing technology [M]. 5th ed.，CRC Press，Boca Raton，USA，2007：62-70.

[143] JONES A B. Ball motion and sliding friction in ball bearings [J]. Journal of Basic Engineering，1959，81（3）：1-12.

[144] 龚自正，曹燕，侯明强，等. 空间环境及其对航天器的影响与防护技术 [C]. 数学、力学、物理学、高新技术研究进展，2008，12：287-297.

[145] YUKHNO T P，Vvedensky Y V，Sentyurikhina L N. Low temperature investigations on frictional behaviour and wear resistance of solid lubricant coatings [J]. Tribology International，2001，34（4）：293-298.

[146] 古乐，王黎钦，李秀娟，等. 超低温环境固体润滑研究的发展现状 [J]. 摩擦学学报，2002，22（4）：314-320.

[147] 林冠宇，王淑荣，王立朋. MoS$_2$基复合薄膜润滑球轴承在真空环境下的摩擦性能研究 [J]. 摩擦学学报，2008，28 (4)：377-380.

[148] WYN-ROBERTS D. New frontiers for space tribology [J]. Tribology International，1990，23 (2)：149-155.

[149] CIZAIRE L，VACHER B，LE MOGNE T，et al. Mechanisms of ultra-low friction by hollow inorganic fullerene-like MoS$_2$ nanoparticles [J]. Surface and Coatings Technology，2002，160 (2)：282-287.

[150] HARRIS T A，KOTZALAS M N. Rolling bearing analysis [M]. Boca Raton（FL）CRC Press，2007.

[151] 冈本纯三，黄志强. 球轴承的设计计算 [M]. 北京：机械工业出版社，2003：1-14.

[152] BURWELL J T. Survey of possible wear mechanisms [J]. Wear，1957，1 (2)：119-141.

[153] ARCHARD J F. Contact and rubbing of flat surfaces [J]. Journal of applied physics，1953，24 (8)：981-988.

[154] DE GEE A W J，SALOMON G，ZAAT J H. On the mechanisms of MoS$_2$-film failure in sliding friction [J]. Asle Transactions，1965，8 (2)：156-163.

[155] MACHADO M，MOREIRA P，FLORES P，et al. Compliant contact force models in multibody dynamics：Evolution of the Hertz contact theory [J]. Mechanism and Machine Theory，2012，53：99-121.

[156] 刘伟东，宁汝新，刘检华，等. 机械装配偏差源及其偏差传递机理分析 [J]. 机械工程学报，2012，48 (1)：156-168.

[157] NSK 滚动轴承技术手册 [M]. 北京：北京信必优轴承有限公司，2008：57-64.

[158] 闻凌峰. 真空环境中固体润滑轴承损伤机理研究 [D]. 哈尔滨：哈尔滨工业大学，2009：26-47.

[159] 刘良勇. 动量轮轴承磨损寿命研究 [D]. 洛阳：河南科技大学，2011：25-38.

[160] 郭攀成. 滚动轴承径向游隙的合理确定 [J]. 起重运输机械，2006 (10)：25-27.

[161] 王燕霜，袁倩倩. 负游隙对特大型双排四点接触球轴承载荷分布的影响 [J]. 机械工程学报，2013，48 (21)：110-115.

[162] 卜长根，王成彪. 矿用牙轮钻头的径向游隙对轴承寿命的影响 [J]. 机械工程学报，2001，37 (2)：26-29.

[163] TANG B P，DONG S J，SONG T. Method for eliminating mode mixing of empirical mode decomposition based on the revised blind source separation [J]. Signal Processing，2012，92：248-258.

[164] TIWARI M，GUPTA K，PRAKASH O. Effect of radial internal clearance of a ball bearing on the dynamics of a balanced horizontal rotor [J]. Journal of sound and vibration，2000，238 (5)：723-756.

[165] 杜迎辉，邱明，蒋兴奇，等. 高速精密角接触球轴承刚度计算 [J]. 轴承，2001 (11)：5-8.

[166] 杨桂通. 弹性力学简明教程 [M]. 北京：清华大学出版社，2006：28-46.

[167] GLOBE S，DROPKIN D. Natural convection heat transfer in liquids confined by two horizontal

plates and heated from below [J]. J. Heat Transfer, 1959, 81 (1): 24-28.

[168] ALFARES M A, ELSHARKAWY A A. Effects of axial preloading of angular contact ball bearings on the dynamics of a grinding machine spindle system [J]. Journal of Materials Processing Technology, 2003, 136 (1): 48-59.

[169] 刘恒, 陈丽. 周向均布拉杆柔性组合转子轴承系统的非线性动力特性 [J]. 机械工程学报, 2010 (19): 53-62.

[170] OZTURK E, KUMAR U, TUMER S, et al. Investigation of spindle bearing preload on dynamics and stability limit in milling [J]. CIRP Annals-Manufacturing Technology, 2012, 61 (1): 343-346.

[171] GUNDUZ A, DREYER J T, SINGH R. Effect of bearing preloads on the modal characteristics of a shaft-bearing assembly: Experiments on double row angular contact ball bearings [J]. Mechanical Systems and Signal Processing, 2012, 31: 176-195.

[172] 王智, 郭万存. 空间臂式补偿机构轴承预紧力与系统刚度关系分析 [J]. 中国光学, 2014, 7 (6): 989-995.

[173] 江亲瑜, 李宝良, 易风. 基于数值仿真技术求解铰链机构磨损概率寿命 [J]. 机械工程学报, 2007, 43 (1): 196-201.

[174] SIM K, KOO B, LEE J S, et al. Effects of Mechanical Preloads on the Rotordynamic Performance of a Rotor Supported on Three-Pad Gas Foil Journal Bearings [J]. Journal of Engineering for Gas Turbines and Power, 2014, 136 (12): 1225031-1225038.

[175] 濮良贵, 纪明刚. 机械设计 [M]. 8 版. 北京: 高等教育出版社, 2006: 61-70.

[176] 刘宝庆. 过盈连接摩擦系数的理论及试验研究 [D]. 大连: 大连理工大学, 2008: 15-18.

[177] 邑兴明, 周建兴, 矫津毅. LabVIEW 8.2 中文版入门与典型实例 [M]. 北京: 人民邮电出版社, 2008: 4-6.

[178] 卢建军, 邱明, 李迎春. 自润滑向心关节轴承磨损寿命模型 [J]. 机械工程学报, 2015, 51 (11): 56-63.

[179] SATHYAN K, HSU H Y, LEE S H, et al. Long-term lubrication of momentum wheels used in spacecrafts——An overview [J]. Tribology International, 2010, 43 (1): 259-267.

[180] NADABAICA D C, NEDEFF V, BIBIRE L, et al. Experimental applications on the influence of internal operation clearance of the faulty rolling bearings upon their remaining lifetime [J]. Journal of Engineering Studies and Research, 2014, 20 (1): 60-70.

[181] KIM S M, LEE S K. Prediction of thermo-elastic behavior in a spindle-bearing system considering bearing surroundings [J]. International Journal of Machine Tools and Manufacture, 2001, 41 (6): 809-831.

[182] 杨桂通. 弹性力学简明教程 [M]. 北京: 清华大学出版社, 2006: 140-159.

[183] 杨世铭. 传热学 [M]. 北京: 高等教育出版社, 1998: 28-36.

[184] Harris T A, Kotzalas M N. 滚动轴承分析——轴承技术的高等概念 [M]. 罗继伟, 译. 北京: 机械工业出版社, 2009: 3-6.

[185] 鲍登 F P, 泰伯 D. 固体的摩擦与润滑 [M]. 袁汉昌, 张绪寿, 译. 北京: 机械工业出版社,

1986：8-52.

[186] OGIVY J A. Predicting the friction and durability of MoS$_2$ coating using a numerical contact model [J]. wear. 1993，160：171-180.

[187] CHANG W R. An elastic-plastic contact model for a rough surface with an ion-plated soft metallic coating [J]. Wear，1997，212 (2)：229-237.

[188] WU J G, ELIASSON L, LUNDSTEDT H, et al. Space environment effects on geostationary spacecraft：Analysis and prediction [J]. Advances in Space Research，2000，26 (1)：31-36.

[189] 王立，邢焰. 航天器材料的空间应用及其保障技术 [J]. 航天器环境工程，2010，27 (1)：35-41.

[190] 薛玉雄，杨生胜，把得东，等. 空间辐射环境诱发航天器故障或异常分析 [J]. 真空与低温，2012，18 (2)：63-70.

[191] 颜鸣皋. 中国航空材料手册：第 4 卷 钛合金 铜合金 [M]. 2 版. 北京：中国标准出版社，2002：59-74.